周老師的
美食教室

輕蛋糕

100%天然無化學添加物

800張步驟圖

新手也能輕鬆製作

TK

c　o　n　t　e　n　t　s

周老師的美食教室「輕蛋糕」：100％天然無化學添加物，800張步驟圖，新手也能輕鬆製作

很多年前我就開始寫食譜，無論出版成冊，或在網路上發表，與同好分享創意都是最有成就感的事。

所謂創意，對我來說不是新口味，而是新觀念。新口味很容易開發，任何材料、做法與外型的排列組合，都有可能產生新作品。但是開發新觀念更有趣。

我曾把薄粥打成泥，代替牛奶做蛋糕，除了預糊化使米澱粉含水量高又不會沈澱外，一般家庭食用的白米也遠比市售米粉味道好，所以整體說來很成功。

我也曾發明「包考中」——用發酵麵團做成粽子，包著美味的香蔥雞肉餡烤熟，對不能吃糯米的朋友來說算是福音。

近年來我不曾寫過整冊的食譜，主要是做事動作慢偏又眼高手低，所以這些小小心得只能零零散散地在部落格「周老師的美食教室」裡發表。

這次再度打起精神寫這本書，是因為與車總編幾次對談之下，深深折服於她的用心和專業。以前看過她負責編輯的精美食譜，只知道她的編輯功力高明，但沒想到她對每本食譜都深入研究到透徹了解，不遜於作者，而且還在百忙中抽空自己練習操做，與她對談實際的問題，完全沒有隔靴搔癢的遺憾。而且她對美食新知見多識廣，對我這個獨學而無友的人來說，真是進步的最大助力。

對於這本首度合作的食譜，我們激盪出三個彼此都很重視的方向，我想這也應該是我日後撰寫食譜的方向。

第一是不使用任何添加物。添加物有其必要性，無法完全避免，就連基本材料如麵粉、奶油等都有添加物，

不過這些大宗物資都受到嚴密的控管，出了問題很容易察覺，只要我們從正常管道採買，製作時不再額外加入化學物質，就可以稱得上天然與健康。

第二個目標是寫出我真正喜歡的蛋糕。我喜歡一個蛋糕的原因，往往是因為家人、朋友們喜歡，只要他們開懷享用還回味無窮，我就知道這是一個美味的蛋糕。

不曾有人因它而快樂的美食我就無法感受到它的魅力，這本書裡的每個蛋糕，幾乎都有忠實的擁護者，所以我認為值得與讀者分享，希望能透過文字和圖像傳達它們的魅力。

第三個目標是寫出詳細正確，又有原創性的食譜。詳細與正確，當然是任何工具書的基本條件，不過若只是重覆已有的食譜，又覺得多此一舉。這本書裡雖然也有少部份我曾經發表過的食譜，但大多是創新的配方和做法，我希望這樣能帶給讀者更多有用的資訊，並且引發更美好的靈感與創意。

周淑玲

周淑玲，民國50年生，台灣省桃園縣人。
師範大學家政教育系學士，師範大學家政教育研究所碩士，一直擔任中學專任家政教師至今，並以撰寫食譜、教授美食為樂。
第一本食譜是民國79年出版的「沁涼小館」。民國94年為教學而建立部落格「周老師的美食教室」，並與國內外同好朋友分享烘焙和各種中西式點心的心得。

輕蛋糕與添加物

什麼是輕蛋糕？

蛋糕基本上可以分成兩大類：乳沫類與麵糊類，前者的鬆發基礎是靠蛋攪打後包含空氣而膨大，後者是靠脂肪攪打後包含空氣而膨大，因此前者俗稱清蛋糕，比較鬆軟清爽，後者俗稱油蛋糕，比較扎實濃郁。

清蛋糕又分成「海棉蛋糕」、「天使蛋糕」。除了清蛋糕以外，還有「戚風蛋糕」、「SP蛋糕」和「輕乳酪蛋糕」，也是以蛋的攪打為鬆發基礎，都是在台灣最受喜愛、輕鬆柔軟的美味蛋糕，所以我統稱它們為「輕蛋糕」，就是本書的全部內容。

輕蛋糕的基本素材

蛋

蛋在攪打時，蛋白和蛋黃的反應不同。蛋白非常黏稠，會包住空氣而變成無數細小的泡沫；蛋黃含油量高所以性質不黏，不太能包含空氣，但是它含有卵磷脂，有乳化作用，就是結合油水的作用，所以能把本身和含水量高的蛋白，以及其它材料，結合在一起，保護空氣泡沫不破裂消散。

這樣，蛋攪打後包含空氣而體積變大，烤焙時空氣受熱膨脹，體積再度變大，所以輕蛋糕才有「輕」的性質，因此輕蛋糕最重要的原料就是蛋。

糖

蛋攪打時必需加糖，糖切割泡沫又溶於其中，使泡沫變小又變重，變得濃厚結實。若沒有加糖，泡沫將又大又虛，和其它材料拌合時容易消泡，烘烤時也是很快膨脹然後很快就塌陷了，所以糖也是製作輕蛋糕的重要原料之一。

此外，糖也賦與蛋糕色香味，增加蛋糕的溼潤度和保存性。沒有添加物的蛋糕，若任意減少糖量，可能會缺乏色澤和香味，組織比較粗糙，口感比較乾硬，而且越放越乾硬；反之糖量足夠的蛋糕，只要包裝良好，放幾天後會更溼潤可口。

麵粉

另一種重要原料是麵粉，它和蛋糖泡沫結合在一起，形成蛋糕的主體。

其他

蛋糕裡通常還要加少許鹽，使蛋糕更有風味，不顯甜膩。此外還有水份或油脂，使蛋糕溼潤柔軟。水份可以是水、牛奶、果汁、咖啡等等；輕蛋糕所用油脂都是液體油，固體油無法混入麵糊中，即使為了風味而選用奶油，也要完全融化了再用。

下表是輕蛋糕原料的屬性，了解原料屬性有助於創作配方或修改配方，例如現在大家喜歡比較溼潤又蓬鬆的蛋糕，如果某人因此決定要減少配方裡的麵粉，卻不知道還需不需要調整別的材料，只要參考下表就可能會得到「增加蛋白」的結論——蛋白可以打出更多氣泡使蛋糕更鬆發，又可以補足減少麵粉所損失的支撐力，因為支撐力不足也會影響蛋糕的體積。

乾性原料(使蛋糕乾燥)	麵粉、澱粉、奶粉、可可粉等粉類
溼性原料(使蛋糕溼潤)	水份(牛奶果汁等)、液體油、糖漿或蜂蜜等
柔性原料(使蛋糕柔軟，或因膨鬆而感覺柔軟)	油脂、水份、糖、蛋黃、膨鬆劑(發粉、小蘇打等)、糖漿或蜂蜜、巧克力等
韌性原料(使蛋糕堅韌具有支撐力)	麵粉、蛋白
其它風味材料(不影響配方平衡)	鹽、香料色素、蜜餞、核果等

特別注意：

- 本書定義雞蛋每個淨重50克，蛋黃17克，蛋白33克。依照本書食譜做蛋糕時，一個蛋的淨重是50克，連殼重60克。(其實如果每次都能把蛋液倒的很乾淨不留在蛋殼上，連殼57克的蛋淨重就有50克)

- 全蛋中蛋白蛋黃的比例約為2：1，所以一個淨重50克的蛋，蛋白約有33克，蛋黃約有17克。

- 連殼約60克(精確而言是57克)，淨重50克，所以若需4個蛋，可連殼秤240克至228克之間即可。

- 本書使用的「細白砂糖」是台糖的「精製細砂」。

- 用奶粉4大匙或28克加水調成1杯，或用奶水半杯加水調成1杯，濃度就等於鮮奶。

- 依據國家標準：
  高筋麵粉含麵筋11.5%以上；中筋麵粉(通常用粉心粉，故兩者平均)含麵筋9.5以上；低筋麵粉含麵筋8.5以下；澄粉或其它澱粉(如玉米粉)無麵筋。

- 本書所使用的烤箱只有一個溫度設定鈕，所以用「上層」、「次上層」、「中層」、「次下層」、「下層」來代表上下火的比例。

- 烤盤大小為41×35公分，俗稱「半盤式烤箱」。

秤量材料最好用電子秤，彈簧秤的精準範圍很小，又容易因彈性疲乏而出錯。

使用量杯量匙必需方法正確——量液體必需裝滿；量粉質的東西不可擠壓，先鬆鬆裝到凸起，再用平的東西刮過把多餘的刮掉。

量杯量匙的誤差很大，而且沒有真正的國際通行標準。

標準量杯1杯到底是多少，有很多說法，200c.c.、227c.c.、236c.c.、240c.c都有。現在台灣通行的說法是240c.c.，所以用量杯裝水應該可裝240克，但即使是號稱240c.c的量杯大小也不一致，很多在裝水時要裝到極滿，表面都因張力而呈圓鼓狀，才有240克，我們實際工作時根本不可能這樣量水。

一般人用正確方法量水，也只有像下圖這麼滿，只有225克左右。這就是為什麼很多正確的食譜也會出問題——例如作者製作時用了240克的水，怕讀者沒有電子秤而換算成量杯量匙單位，於是食譜上寫「水1杯」，於是讀者依言量了1杯水，卻少了10幾克。

模型容量測量

形狀規則的模型或烤盤，只要量出內部的長、寬、高或直徑，就可以算出容量。

**長模型或方模型的容量＝
長 × 寬 × 高**

**圓模型的容量＝
半徑平方 × 圓周率3.1416 × 高**

有些模型上大下小，應該採用平均值，例如上面長20公分，下面長18公分，則長度應該是19公分。

特別注意：但本書標示的模型長、寬、高，是指上方的長、寬、高，這是為了方便讀者購買模型。

如果不想測量和計算，或遇到不規則難計算的模型，就用水測量其容量：把模型放在電子秤上，歸零，裝滿水，若能裝800克，其容量就是800c.c.。

如果是活動模，無法裝水，可以用米來測量其容量。米的比重為0.88，把模型裝滿米，刮平，再秤這些米的重量，若是500克，則模型的容量為500÷0.88＝568c.c.

**模型的容量＝
米的重量÷0.88(米的比重)**

關於測量比重

比重就是拿某物質的重量和等體積的水的重量相比。例如用同樣大小的杯子裝麵粉和水，前者淨重是100克，後者淨重是200克，則比重是100/200，等於0.5，我們就說這麵粉的比重是0.5。

做蛋糕時有兩種情況可以測量比重以供參考，一是測量全蛋打發的比重，二是測量完成的蛋糕的比重。

做全蛋蛋糕時，蛋的攪打程度很重要，攪打不夠，蛋糕不蓬鬆，攪打過頭，蛋糕易變形。但是全蛋的打發是漸進式的，很難具體說明要打到什麼程度才夠，有食譜用蛋糊滴落的快慢說明，有食譜用蛋糊是否容易流平說明，也有食譜指定攪打時間，但問題是不同的份量和打蛋工具，還有蛋的溫度和室溫，都會影響攪打所需要的時間。

最精確的方法是測量蛋糊比重。把一個碗放在秤上，歸零，裝滿水，記錄水的淨重。接著倒掉水，擦乾，裝滿蛋糊，記錄蛋糊的淨重。蛋糊淨重除以水的淨重即是比重，例如蛋糊淨重82克，水淨重280克，則比重為0.293，如果高於食譜指定比重，就必需繼續攪打。

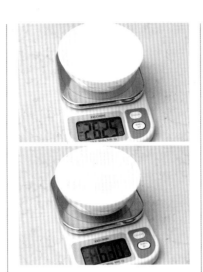

比重 ＝ 容器裝蛋糊的淨重 ÷
同一容器裝水的淨重

如果食譜沒有指定比重，自己記錄下來的比重仍然可供下次製作時參考，非常有用，尤其對於初學做蛋糕的人，很難用觸覺、視覺來判斷攪打程度，測量比重是最科學的方法。

如果想要確定自己烤出的蛋糕是否夠蓬鬆，也可以測量它的比重。例如本書第一篇食譜「基本全蛋蛋糕」，脫模後平均直徑14.8公分，平均高度6.5公分，所以體積為1118立方公分；重量為242克，所以比重為0.216。

如果讀者照做這個蛋糕，比重比0.216高太多，甚至高於0.3，表示蛋糕不夠蓬鬆，也就是不夠成功──除非特殊情況，例如要拿來墊底，否則我們還是希望「輕」蛋糕要夠輕才好。

關於損耗

烘焙有所謂的「損耗」，就是我們烤出來的蛋糕，重量比準備的材料少了多少。損耗可分製作損耗和烘焙損耗，製作損耗是指在製作時，材料在鍋子和工具上沾來沾去，浪費掉的部份；烘焙損耗大部份是烘焙時蒸發掉的水份。

通常製作過程越麻煩的蛋糕，製作損耗越多；烘焙時暴露面積越大，或烤得越久的蛋糕，烘焙損耗越多。

如果材料原來總重275克，烤好只剩242克，就是只剩88%，等於損耗了12%。不過除非要考證照或營業販賣，計算損耗不是必要的工作。

蛋糕添加物

一般家庭自製蛋糕也會用到添加物，但市售的蛋糕使用的添加物的種類和份量，只能用驚人來形容，香料、色素、無數的乳化劑、改良劑、增稠劑、人工甘味、防腐劑等等。

這些新的添加物對蛋糕的好處，包括增加體積、鮮艷色彩、改變口感、降低甜度、減少製作上的困難度、可以大量生產、降低成本。

使用大量添加物和含有大量添加物的預拌粉，烘焙者不需要懂得美食，只要會調預拌粉去烤即可，效果看起來也非常好，所以現在不要說是業者，就連很多只為興趣而學做蛋糕的朋友，也會接受廠商的推薦而使用。

雖然這些添加物大多是合法的，但不免讓人想到，若是買來的食物已經有這麼多「合法添加物」，自己製作時再加入，我們一天到底要吃多少添加物？而且添加物都是化學物質，累積使用的結果，即使無害，也一定會傷害食物的原味，是不是只好再加人工香料來彌補？

其實添加物的作用，只要「用心」，都可以取代。多花一點錢買真正的食材，多花一點時間秤量材料、仔細製作，多花一點心思設計別具一格的作品，就可以得到添加物的效果，而真正的健康和美味，是再高價的名店精品也比不上的。

家庭製作蛋糕常用的添加物包括塔塔粉、小蘇打、發粉、SP、香料、色素。

一、塔塔粉 Cream of tartar

學名酒石酸氫鉀(potassium hydrogen tartrate)，是葡萄酒業的副產品，是酒桶裡自然產生的弱酸性結晶，來自於葡萄裡的酒石酸(tartaric acid)。

塔塔粉在製作蛋糕上的功能是和鹼性的小蘇打調配製成發粉，以及在打發蛋白時加入以平衡蛋白的鹼性，使泡沫潔白穩定，體積較大。

因為蛋白偏鹼性，如果打蛋白不加酸性物質，結果將不是雪白的泡沫，而會帶點微黃，還有肥皂味，這點在做以蛋白為主體的天使蛋糕時特別明顯，所以做天使蛋糕時如果不加塔塔粉，就要加3倍重量的檸檬汁或白醋，但最好不要像塔塔粉一樣加在蛋白裡攪打，而是等蛋白打好再加入，以免水份影響蛋白的起泡。

二、小蘇打 Baking soda

學名碳酸氫鈉（Sodium bicarbonate）。小蘇打是一種弱鹼，踫到酸性物質時會起中和反應，產生二氧化碳，所以可以當做糕點的膨鬆劑。

糕點可以分成「麵糊」、「乳沫」兩大類，麵糊類的做法常以「奶油加糖打發」為開端，乳沫類則是「蛋加糖打發……」。

麵糊類配方裡的奶油量要夠，乳沫類配方裡的蛋量要夠，攪打後才能包含足量氣泡，使糕點膨鬆柔軟。當奶油或蛋量不足時，就要加入膨鬆劑，產生額外氣體，在以前還沒有發粉時，糕點的膨鬆劑就只有小蘇打。

但配方裡要有酸性明顯的材料，如酸奶、檸檬或柳橙汁、紅糖或蜂蜜等，小蘇打才能完全起作

用，如果沒有，最好自己加1、2大匙白醋下去，否則成品不夠膨鬆，更糟的是那些未與酸性物質中和的小蘇打殘留在糕點裡，會有苦澀味或肥皂味。

本書所用的配方都是蛋量充足的高成份配方，所以不需要加膨鬆劑。膨鬆劑並不是萬靈丹，蛋糕的膨鬆有其極限，在高成份配方裡加膨鬆劑，除了產生苦澀味以外別無影響。

三、發粉(泡打粉)Baking powder

發粉為現代最常用的糕點膨鬆劑，俗稱泡打粉。最簡單的發粉，成份就是小蘇打加塔塔粉，一踫到水份兩者就進行中和反應，釋放出二氧化碳。

因為發粉接近中性，使用起來比小蘇打方便，不用考慮配方裡是否有足夠的酸性原料，所以現在需要添加膨鬆劑的糕點大多使用發粉，比較少用小蘇打。

但是小蘇打加塔塔粉只是原始簡單的發粉，最進步的發粉則有很多配方，鹼性部份仍然是用小蘇打，酸性部份就不一定只有塔塔粉。塔塔粉和小蘇打作用的太快，一踫到水份就不斷放出二氧化碳，但好的發粉應該在踫到水時產生一部份氣體，開始烤焙加溫時再釋放出大部份的氣體——這就是所謂的雙重反應發粉，也是做蛋糕最常用的發粉。

雙重反應發粉裡的酸性部份，除了塔塔粉以外，最有效的一些是鋁鹽（例如明礬）。因為鋁被懷疑與老人痴呆症有關，所以這種發粉的安全性也受到質疑，因此也有廠商推出「無鋁發粉」，但效果並不如有鋁發粉，很難要求蛋糕業者捨便宜效果好的有鋁發粉就昂貴效果卻不佳的無鋁發粉。

所以最安全的方法就是做蛋糕不要加發粉。其實這樣做影響有限，例如戚風蛋糕加不加發粉，其差別是加了可以做出表面微凸的蛋糕，不加，表面頂多是平的，有時還會微微下凹，但這根本就無關緊要，絕不會影響蛋糕的美味。

四、海棉蛋糕專用乳化劑(SP)
Sponge Cake Emulsifier。

詳細介紹請參考105頁。

五、人工香料、色素

人工香料和色素的唯一功能就是增加食物的香味和顏色，但人工香料會欺騙並鈍化我們的嗅覺，吃久了，就無法感受到食物真正的香味，當然就不能分辨食材的好壞。

色素可使食物更富吸引力，但這吸引力往往是受到後天學習的影響，若了解而且同意食物色彩過於鮮艷是很不自然的事，就不會覺得那有吸引力。或許很多人看過美式蛋糕裝飾的電視節目，真正懂美食的人，應該不會認為那些如同油漆積木般的蛋糕很美味。

在「餡與霜飾」單元裡144頁，介紹了不少天然香料，足供製作蛋糕需要；至於人工色素，除非必要，可以在蛋糕裝飾上使用微量，蛋糕本體並不需要添加。

全蛋蛋糕——————

基本全蛋蛋糕

全蛋蛋糕的基礎做法就是把整個蛋加糖一起打發，成品俗稱海棉蛋糕，優點是做法簡單，膨鬆又有彈性，充滿蛋香原味；缺點是甜度較高，溼度和油潤度較低。

全蛋蛋糕的做法雖然不複雜，打蛋卻相當費力，最好是用電動的打蛋器；量多的話（3個蛋以上）最好用桌上型電動攪拌機，量不多可用手提式的電動打蛋器。

材料

┌ 全蛋‥‥‥100克(2個)
│ 蛋黃‥‥‥17克(1個)
│ 細白砂糖‥‥‥60克
└ 鹽‥‥‥1/6小匙
┌ 牛奶‥‥‥24克
│ 低筋麵粉‥‥‥60克
└ 融化的奶油‥‥‥12克

模型

6吋活動圓模1個（模內直徑15公分，內高6公分，容量約1089c.c.）

烤焙

180℃ / 中下層 / 25分鐘

全蛋打發

1 烤箱預熱。把蛋、蛋黃、糖、鹽一起放在攪拌盆裡，打散。隔水加熱到微溫，要不時攪拌一下。

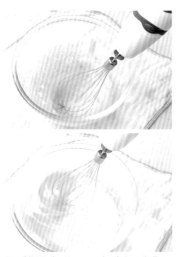

2 離開水浴，用高速打到濃稠發白。用攪拌缸約需2分鐘，用手提打蛋器需要4～5分鐘。

打發不足

打發足夠

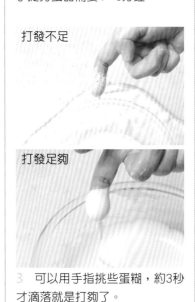

3 可以用手指挑些蛋糊，約3秒才滴落就是打夠了。

4 測量比重，約為0.22。

5 繼續用低速攪拌1分鐘，讓泡沫更小更細緻。

混合材料

6 把牛奶加入，手拿直形打蛋器攪拌一下，大致混勻。

7 麵粉篩入，手拿直形打蛋器攪拌一下，大致混勻。

8 換用橡皮刀，從底部翻起，輕輕拌勻。過度攪拌以免麵粉過度出筋。

9 把奶油倒入，要分散淋在各處，換用打蛋器輕輕拌一下。

10 再換用橡皮刀以旋轉方式從底部翻起，盡量用最少的次數攪拌均勻。

11 確定底部沒有奶油沈澱。不要再繼續攪拌，以免消泡得太嚴重。

12 測量比重，約為0.36。如希望蛋糕蓬鬆，麵糊比重不宜超過0.4。

入模

13 倒入模子裡，用橡皮刀把麵糊全部刮進模子。

14 敲一敲把大氣泡震破。

烘烤

15 放入烤箱中下層，烤25分鐘。

16 用手輕按中心，覺得有彈性而沒有浮動感，就是熟了。

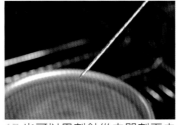

17 也可以用刺針從中間刺下去再拔出，不沾麵糊就是熟了。

18 烘烤完成。

19 取出倒扣到冷卻。

脫模

20 用利刀沿邊緣切開。刀尖緊貼模子稍用力切動。

21 向上脫去圓模。

22 再切掉模子底部。

周老師特別提醒

- 全蛋、蛋黃、糖和鹽放在鋼盆裡，要立刻用打蛋器打散。如果放著不打散，糖鹽可能會吸收附近的蛋黃的水份而使之結硬塊。

- 牛奶可用水代替，融化的奶油可用沙拉油等液體油代替，但最好加些香草或檸檬皮末等香料。

- 如果不是活動烤模，可以在模裡墊烤盤紙，或塗油撒粉，才容易脫模。

- 以上是一個6吋全蛋蛋糕的配方，若把材料加倍，可以做一個8吋或9吋的蛋糕，烤溫175℃，放在下層，烤30～35分鐘。8吋或9吋蛋糕比6吋的薄一點，表面也比較平，不易成圓凸狀，適合做有夾心和霜飾的蛋糕，也常切片做為慕思蛋糕或乳酪蛋糕的墊底。

比重與耗損

全 蛋 蛋 糕				
蛋糕比重	0.22	麵糊比重	0.36		
材料生重	274克	蛋糕熟重	242克	耗損率	12%
		蛋糕體積	1118立方公分	蛋糕比重	0.216

全蛋蛋糕常見Q&A

Q：蛋糕不夠蓬鬆、體積小

A：原因一、蛋糊打得不夠濃稠結實

蛋糊打得濃稠結實，無論攪拌或烤焙都比較不容易消泡，蛋糕烤好就會蓬鬆柔軟，體積較大。以下這些做法可以讓蛋糊更濃稠：

1　提高蛋黃比例，就像本食譜這樣，除了全蛋還額外增加蛋黃。這等於增加固體物質和乳化劑，所以可以打得更濃稠而且不易消泡。

2　糖的重量最好不要少於蛋的一半，糖太少蛋糊就會虛而不實。

3　攪打之前要先把蛋糖拌勻再隔水加熱，可以幫助乳化。夏天加熱到用手指試溫時感覺不到溫度（約37℃），冬天要加熱到手指可以感覺到溫熱（約40℃）。

4　攪打越久就越濃稠，但攪打過久，或打到蛋糊比重太低，也會使蛋糕太過鬆發而垮掉。

5　如果用手提電動打蛋器打太多份量，容器又比較寬淺，可能打很久也不夠濃稠，也許測量其比重是合格的，卻是因為氣泡很大，而不是氣泡夠多。這種虛而不實的蛋液很容易消泡。

原因二、與其它材料拌合時出筋或消泡

1　蛋糊打好後加麵粉攪拌，要盡量用最輕最快的動作拌合。如果攪拌太久，麵粉會過度出筋而使蛋糕收縮。但還是要攪拌均勻，而且適度的攪拌造成稍微出筋，反而可以幫助支撐蛋糕。

2　如果配方裡有油，加油攪拌時泡沫最容易消失，麵糊越攪越稀，烤出的蛋糕就會體積小或有沈澱，所以全蛋蛋糕的油脂含量都不高。水份也有消泡作用，只是不如油脂嚴重。

　把油盡量分散加入，攪拌動作盡量輕，可以減少消泡，但是油和麵糊很不容易混勻，即使用橡皮刀從盆底鏟起，油也會從旁溜走，讓人誤以為已經完全拌勻，這時可以翻盆一次---就是把整盆麵糊倒到另一個盆子裡，就可以看出是否還有沒拌勻的油脂。也可以一開始就不把油加在麵糊裡，而是舀一些麵糊到油中，徹底拌勻，再倒回整盆麵糊裡。

Q：蛋糕乾燥或太甜

A：若是因為前述原因使蛋糕不夠蓬鬆，當然會顯得乾硬；烤太久或烤溫太高，也會使蛋糕失水而變乾變硬。

但即使是做得成功而膨鬆柔軟的全蛋蛋糕，還是比分蛋蛋糕稍微乾燥，這是因為全蛋蛋糕無法加入太多油份水份，否則會消泡而失敗。

同樣的，全蛋蛋糕即使添加最低比例的糖量，感覺上似乎仍比分蛋蛋糕甜些。

為配合我們「溼潤」、「低甜」等偏好，烘焙業發明了無數的添加物，但本書並不使用這些添加物，只能盡量提供溼度高而甜度低的配方，並且建議：

1 不要忘記加鹽。少量的鹽就可以減少甜膩感。

2 善用天然香味，或加入可可粉、蔓越莓等風味材料，可以減少甜膩感。

3 加上不甜的霜飾，例如無糖鮮奶油，可以降低整體的甜度。

4 蛋糕烤好冷卻後，要立刻密封包裝，否則水份會散失而變乾硬。放在紙盒中是沒用的，要用塑膠袋等防水材質包裝。

Q：完成品裡有黏糊層

A：油水無法與麵糊拌勻而沈澱的結果

如果蛋糕烤熟了，發現底部有較硬的黏糊層（年糕狀），是油水無法與麵糊拌勻而沈澱的結果。如果靠近上方有溼黏的麵糊，通常是糖量太多或糖的顆粒太粗，無法徹底溶化在麵糊裡。

Q：完成品裡有乾麵粉顆粒

A：蛋液攪打得不夠濃稠結實

主要原因還是蛋液攪打得不夠濃稠結實，尤其是用手提電動打蛋器，這時蛋液流動性高，加麵粉攪拌時將驅趕麵粉而不是揉入麵粉，這樣即使拌到快消泡，還是有顆粒打不散。

若覺得「驅趕」、「揉入」很抽象，可以想像，若把麵粉倒入多量水份裡攪拌，因為整體流動性強，麵粉跑來跑去，就很難拌勻，一直會有麵粉顆粒殘留；若倒入少量水份裡攪拌，因為整體流動性弱，麵粉就會被強迫與水份結合成麵團，很少會有顆粒殘留。

蜜糖
迷你蛋糕

材料

基本全蛋蛋糕麵糊……1份

　（請參考15頁）

蜂蜜……適量

模型

小布丁杯及紙內襯16個（小布丁杯容量為80c.c.，但裝了紙內襯後容量稍減）

烤焙

190℃ / 中層 / 12分鐘

做法

1　烤箱預熱。

2　依照基本全蛋蛋糕的做法打好麵糊。

3　舀入小杯裡，每杯約16克。

4　放入烤箱中層，烤約12分鐘。

5　出爐，在表面刷些蜂蜜即可。

周老師特別提醒

在烤好的小蛋糕上刷蜂蜜，有助於保鮮和維持蛋糕的溼度，但一定要用乾燥且乾淨的刷子。

● DVD

蔥花肉鬆
鹹蛋糕

蔥、芝麻、美乃滋、肉鬆的組合
很對台灣人的口味,所以香蔥肉
鬆捲是很常見很受歡迎的半甜半
鹹點心,主體可以是麵包,也可
以是蛋糕,其實吃起來很像,因
為麵包都很甜軟,而蛋糕則是比

較Q又有彈性的海棉蛋糕。
雖然也可以把肉鬆撒在蛋糕上一
起捲起來,但肉鬆沾溼捲緊後失
去原本香酥鬆的特色,有點浪
費。如果真想要捲餡,可以捲切
絲的洋火腿,同樣色香味俱全。

做好的肉鬆捲,包好冷藏可以保
鮮數日,取出就可直接食用;如
果想吃熱的,微波10秒或20秒
即可。

蔥花肉鬆
鹹蛋糕捲

材料

全蛋……200克（4個）
蛋黃……34克（2個）
細白砂糖……80克
鹽……1/3小匙

牛奶……72克
低筋麵粉……120克

白芝麻（炒過或生的皆可）
　　……少許
蔥花……30克

美乃滋……約150克
肉鬆……約60克

模型

烤盤1個
（長約41公分×寬約35公分）

烤焙

175℃ / 中層 / 13～15分鐘

做法

1　烤箱預熱。烤盤鋪烤盤布。

2　把蛋、蛋黃、糖、鹽放盆中打散。

3　隔水加熱到微溫。

4　離開水浴，用高速打到濃稠發白，需要打2至5分鐘，依攪打工具而定。

5　把牛奶加入、麵粉篩入，輕輕拌勻。不要過度攪拌以免麵粉過度出筋。

6　倒入烤盤裡，刮平。
7　敲一敲把大氣泡震破。

8　放入烤箱中層，烤3～5分鐘，表面結皮即可。

9　撒芝麻和蔥花，繼續烤10分鐘。

10　出爐，割開四周，放稍涼。

11　倒扣，撕掉烤盤布。

12　翻面在網架上放置冷卻。

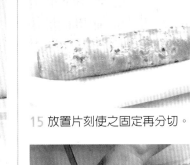

15 放置片刻使之固定再分切。

17 切面抹美乃滋。

16 切掉硬邊，切成兩條。一條切成6塊。

18 沾些肉鬆即可食用。

13 再翻面，抹上一層美乃滋。

14 捲起來。要用點力捲，盡量不要捲出空隙。

周老師特別提醒

- 做蛋糕捲時，要把蛋糕烤到表面正常上色，而底面上色很淺，才容易捲；更不可把蛋糕烤硬，以免捲時容易破裂。
- 不過全蛋蛋糕在做開始捲的第一個動作時往往還是會破裂，所以可以先在蛋糕上橫劃一刀(劃沒抹餡的那一面)，好讓裂口整齊。幸好這裂口最後會捲在蛋糕中心，並不醒目，所以不劃刀也無妨。

- 平盤蛋糕出爐後要盡快把邊緣剝離烤盤，因為平盤蛋糕的中間支撐力不足，一定會下陷，如果邊緣黏在烤盤上無法下陷，中間就會下陷更多，使邊緣和中間的厚度相差太多。
- 這個蛋糕要烤溼一點才好捲，所以扣出來後要立刻翻回正面，不要讓正面朝下貼在烤盤布上太久，以免黏住而破皮。

巧克力
杯子蛋糕

材料

- 全蛋……100克（2個）
- 蛋黃……17克（1個）
- 細白砂糖……60克
- 鹽……1/6小匙

- 牛奶……36克
- 低筋麵粉……50克
- 可可粉……10克

軟巧克力

牛奶巧克力……100克

飲用水……半大匙

模型

紙烤杯7個（容量135c.c.）

烤焙

180℃ / 中層 / 15分鐘

做法

1　烤箱預熱至180℃。

2　把蛋、蛋黃、糖、鹽打散，隔水加熱到微溫。

3　離開水浴，用高速打到濃稠發白，需要打2至5分鐘，依攪打工具而定。

4　把牛奶加入，麵粉和可可粉篩入，用直形打蛋器攪拌一下，大致混勻。

5　再用橡皮刀拌勻。不要過度攪拌以免麵粉過度出筋。

6　舀進烤杯裡，一杯約36克。

7　放烤箱中層，烤15分鐘。

8　用刺針從中間刺下去，拔出不沾麵糊就是熟了。

9　把巧克力和半大匙水一起隔水加熱，攪拌到融化。

10　放在冰水上攪拌到可擠的硬度。

11　放入擠花袋中，擠在完全冷卻的蛋糕上。喜歡的話還可以擠一些到蛋糕體裡。

周老師特別提醒

- 各品牌巧克力的融點不同，若能選擇，就選融點高的，以免擠在蛋糕上很容易融化。但是若真的融化也無妨，讓巧克力覆在蛋糕表面也不錯。

- 蛋糕上撒的糖珠是有色素的，只是為了裝飾，可以不必使用。

抹茶紅豆銅鑼燒

銅鑼燒和鬆餅（pancake），都是靠添加發粉（baking powder，又名泡打粉）來起泡鬆發，但這篇的銅鑼燒和下篇的無發粉鬆餅，我們改成打蛋起泡，就可以不用添加發粉。因為蛋容易消泡，所以一次不能調太多麵糊，調好也要盡快煎熟，不能放置太久。

材料　14片

蛋⋯⋯100克（2個）
細白砂糖⋯⋯50克
鹽⋯⋯1/4小匙
蜂蜜⋯⋯10克
牛奶⋯⋯40克
低筋麵粉⋯⋯100克
抹茶鮮奶油⋯⋯140克
　（參考146頁）
紅豆粒餡⋯⋯140克

做法

1　蛋加糖、鹽和蜂蜜打散，隔水加熱到微溫。

2　用高速打到濃稠但仍然會滴落的程度。

3　牛奶加入，麵粉篩入，輕輕拌勻成麵糊。

4　平底鍋燒熱，用沾油的紙巾擦一遍。

5　把20克麵糊淋在鍋中，小火烙到邊緣開始有熟的感覺（稍有透明感）即可翻面。烙到兩面都呈金黃色。

6　全部烙好，放稍涼。

7　抹茶鮮奶油抹在銅鑼燒上，中間放20克紅豆粒餡，再抹鮮奶油，蓋上另一片銅鑼燒。每組銅鑼燒的鮮奶油用量同樣是20克。

周老師特別提醒

• 銅鑼燒若是不夾鮮奶油，不用冷藏也可以保鮮很多天，但要包裝好。

• 銅鑼燒夾鮮奶油很合適，但因為銅鑼燒比較甜，所以鮮奶油不用加糖。

• 鮮奶油不加抹茶粉即是原味，也可以加可可粉等；紅豆粒餡也可以用蜜汁小紅豆代替，或者改用芋泥，創作不同的口味。

無發粉
原味鬆餅

材料 10片

- 蛋⋯⋯100克(2個)
- 細白砂糖⋯⋯25克
- 鹽⋯⋯1/4小匙
- 低筋麵粉⋯⋯120克
- 牛奶⋯⋯120克
- 天然香草⋯⋯少許
- 沙拉油或融化的奶油⋯⋯30克
- 奶油(室溫軟化)⋯⋯適量
- 楓糖漿⋯⋯適量

做法

1　蛋加糖、鹽打散,隔水加熱到微溫。

2　快速打到濃稠。

3　麵粉過篩,和牛奶、香草精交替加入,輕輕拌勻。

4　加奶油輕輕拌勻即是麵糊,裝入量杯中。

7　趁熱食用。加上奶油和楓糖漿更美味。

5　平底鍋燒熱,用沾油的紙巾擦一遍。

6　倒入麵糊(約38克)淋在鍋中,小火烙到邊緣開始有熟的感覺(稍有透明感)即可翻面。烙到兩面都呈褐色。

地瓜鬆餅

材料 8片

- 地瓜（淨重）⋯⋯200克
- 水⋯⋯200克
- 沙拉油或融化的奶油⋯⋯60克
- 蛋⋯⋯100克（2個）
- 細白砂糖⋯⋯50克
- 鹽⋯⋯1/4小匙
- 低筋麵粉⋯⋯100克
- 糖粉⋯⋯適量

做法

1 地瓜切塊，加水，用小火煮軟，煮到幾乎沒有水份，約需10分鐘。

2 攪拌成泥。

3 加油攪拌均勻。

4 蛋加糖、鹽打散，隔水加熱到微溫。

5 快速打到濃稠。

6 倒入地瓜泥中，麵粉也篩入，一起拌勻即是麵糊。

7 平底鍋燒熱，用沾油的紙巾擦一遍。

8 舀一匙麵糊（約60克）淋在鍋中，小火烙到邊緣開始有熟的感覺（稍有透明感）即可翻面。烙到兩面都呈金黃色。

9 篩上糖粉，趁熱食用。

周老師特別提醒

- 煮地瓜時要把鍋蓋蓋好，以免水份太快燒乾。也可以隔水蒸熟。
- 鬆餅表面也可以撒一點玉桂粉，味道更香。
- 地瓜是健康食物，地瓜鬆餅鬆軟香甜，是非常好的早餐，通常都烙得比較厚比較大，和牛奶一起享用更美味。

奶油餡
雞蛋糕

雞蛋糕是用鐵模燒烤而成的小型海棉蛋糕,適合趁熱吃,皮酥內軟,是廣受歡迎的路邊小吃。烘焙用品店可以買到家用的雞蛋糕模型,花樣不一,可惜就是沒有早期那種雞蛋形的,我覺得還是雞蛋形最可愛最有代表性;本篇食譜則是用鯛魚燒模來製作。

有些雞蛋糕攤子標榜「冷了也好吃」,這都是SP(見105頁介紹)的功勞。冷了也好吃的海棉蛋糕一定要有足夠的水量油量,這樣不加SP很快就會消泡,每烤一兩盤就得重新打麵糊,做小生意哪能這麼細工?

至於「脆皮雞蛋糕」則是使用特殊處理的烤模,非常光滑而且防黏,所以蛋糕表皮才能光滑且薄脆。

材料 鯛魚型10個

A
- 蛋⋯⋯100克(2個)
- 細白砂糖⋯⋯70克
- 鹽⋯⋯1/6小匙
- 牛奶⋯⋯75克
- 低筋麵粉⋯⋯100克
- 沙拉油⋯⋯12克
- 天然香草⋯⋯少許

B 奶油布丁餡⋯⋯200克
  (參考145頁)

模型

雞蛋糕模或鯛魚燒模1組

做法

1　材料A參考16頁完成全蛋打發並混合材料成為麵糊。盛在尖嘴量杯裡。

2　模子放在瓦斯爐上燒熱。

3　用刷子或面紙沾少許沙拉油擦遍內部。

4　把麵糊淋在凹洞裡到半滿。

5　用小湯匙挖大約20克的布丁餡在麵糊上。再淋麵糊蓋住布丁餡。1個總共約使用32克麵糊。

6　蓋起來,翻面,用最小最平均的火力燒烤2分鐘。

7　再翻面繼續燒烤2分鐘,即可打開模子倒出蛋糕。

8　同樣的方法做完10個蛋糕。也可以不加奶油布丁餡,做成原味的雞蛋糕。

周老師特別提醒

- 有些模子烤前需要塗油防黏,有些不用。有些在第一次使用前要先燒到非常熱,降溫,再使用。請先詳細閱讀模子的使用說明。
- 做雞蛋糕最困難的是如何控制麵糊份量及火力,這沒有什麼秘訣,只要熟練就會越做越好。

蔬菜鬆餅

材料 8片

小熱狗或小香腸‥‥‥8根

- 綠花椰菜(淨重)‥‥‥75克
- 水‥‥‥75克

- 蛋‥‥‥50克(1個)
- 細白砂糖‥‥‥1大匙
- 鹽‥‥‥1/4小匙
- 低筋麵粉‥‥‥100克

做法

1 先把熱狗或香腸煎熟。

2 綠花椰菜加水打碎。

3 蛋加糖、鹽打散,隔水加熱到微溫。

4 快速攪打到濃稠。

5 麵粉過篩,和花椰菜汁交替加入,輕輕拌勻成麵糊。

6 平底鍋燒熱,用沾油的紙巾擦一遍。

7 舀一匙麵糊(約36克)淋在鍋中,輕敲鍋子讓麵糊擴張變薄,形狀自然即可。

8 烙到邊緣開始有熟的感覺(稍有透明感)即可翻面。兩面都不要烙焦,保持淡綠色才美觀。

9 以保鮮膜將烙好的餅內捲一根熱狗,兩端捲緊固定,打開取出用竹籤插好排盤。

周老師特別提醒

- 捲熱狗之前也可以抹一點蕃茄醬或美乃滋。
- 即使暫時不食用,還是要盡快把餅捲著熱狗,用保鮮膜一一包好冷藏,食用時再取出,以烤箱或微波加熱。若是等餅完全冷卻變硬再捲熱狗,可能會破裂。

蒸鹹蛋糕

蒸蛋糕幾乎都是全蛋蛋糕。蛋糕用蒸的，因為表皮無法焦化，支撐力不足，所以若是麵糊太輕，會很容易塌陷。分蛋蛋糕就是因為麵糊輕，所以很少用蒸的。

蒸蛋糕可以直接以蒸籠本身為模型，但是要鋪上耐熱的年糕紙，年糕紙和蒸籠間還要插些透氣竹管。

用蛋糕模型裝麵糊，再放入蒸籠裡蒸，是比較方便的法子。請先檢查模型是否可以放入蒸籠裡，而上方還有通氣的空間，因為有些模型很高而有些蒸籠很矮，蒸籠蓋剛好壓住模型，這樣是蒸不熟的。

材料

A
- 全蛋⋯⋯300克（6個）
- 細白砂糖⋯⋯180克
- 鹽⋯⋯1/2小匙
- 低筋麵粉⋯⋯180克

B
- 罐頭肉臊⋯⋯120克
- 油蔥酥⋯⋯少許

模型

9吋活動圓模1個（模內徑23公分，內高7公分，容量約2761c.c.）

蒸製時間

25分鐘

做法

1　蒸鍋裡燒開小半鍋水。材料A參考16頁完成全蛋打發並混合材料成為麵糊。把一半倒入模子裡。

2　敲一敲把大氣泡震破。

3　放入蒸籠裡，蓋好，用中大火蒸5分鐘。

4　關小火，打開籠蓋。

5　撒肉臊。

6　把另一半麵糊倒在肉臊上，抹平。

7　撒些油蔥酥。

8　蓋上籠蓋，繼續用中大火蒸20分鐘即可。用刺針從中間刺下去，拔出不沾麵糊就是熟了。

9　取出，待不燙手時脫模。

10　切成菱形塊，趁熱食用。

周老師特別提醒

- 肉燥也可以自己炒，但最好不要加香菇，加了香菇很容易壞。
- 鹹蛋糕若是冷藏過，再吃時要先蒸過。

巧克力棉棉派

材料　36片

A
- 全蛋……100克（2個）
- 蛋黃……17克（1個）
- 鹽……1/8小匙
- 糖粉……40克
- 天然香草……少許
- 低筋麵粉……90克

B
- 大棉花糖（每粒約5克）
  ……18粒
- 融化的巧克力……適量
  （參考144頁）

烤焙

200℃ / 中層 / 10分鐘

做法

1　烤箱預熱。在兩個烤盤上鋪烤盤布。

2　材料A參考16頁完成全蛋打發並混合材料成為麵糊。

3　擠花袋裝好平口擠花嘴，擠花袋扭緊塞入花嘴中，避免麵糊流出。

4　擠花袋放入深杯中，將袋口翻開套入杯緣，如此可方便裝盛麵糊。

5 將麵糊放入。

6 擠在烤盤上。

7 擠成圓形。每盤18個，共36個。

8 放烤箱中層，烤約10分鐘。同時把棉花糖切成三片。

9 取出待稍涼，取下。如果稍黏在烤盤布上，可以用小刀小心取下。

10 把棉花糖片，放在半數的餅上。

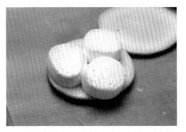

11 回烤箱再烤片刻，烤到棉花糖變軟。

12 把另一片蓋上。

13 壓合，放涼。

14 巧克力隔水加熱融化。把餅沾滿融化巧克力。

15 四周棉花糖的部分也沾滿。

16 排在烤盤布上，冷藏使巧克力凝結。

周老師特別提醒

- 如果喜歡硬脆的餅，可多烤1分鐘。
- 巧克力可用任何口味，但有些巧克力凝固點過低（例如20℃），在室溫下無法凝結，就不宜選用。
- 棉花糖餡的份量可隨意增減，也可以不用切，整粒放在餅上回爐烘烤。烤軟了同樣可以用另一塊餅壓扁。
- 棉花糖很快就可以烤軟，不用到1分鐘，但表面看不出來，可以用手輕踫試試，不要烤過久而融化甚至烤焦。如果沒有大棉花糖，就用小粒的3粒代替。

蛋黃小西餅 (牛粒) **DVD**

材料 48小片

- 蛋·····50克 (1個)
- 蛋黃·····34克 (2個)
- 鹽·····1/8小匙
- 糖粉·····75克
- 低筋麵粉·····80克
- 可可粉·····10克

糖粉·····適量

無糖香草奶油霜·····110克

（參考144頁）

烤焙

200℃ / 中上層 / 6分鐘

做法

1　烤箱預熱。在兩個烤盤上鋪烤盤布。

2　把蛋、蛋黃、鹽、糖粉放盆中打散。

3　一起隔水加熱到微溫。

4　以高速打發。要打到極為濃稠，幾乎不會流動，約需2～5分鐘。

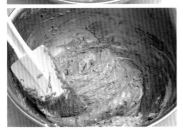

5　把麵粉和可可粉篩入，輕輕拌勻。這很容易拌勻，但因為很濃稠，一攪動就會顯得粗糙，不要誤以為還沒拌勻而一直攪拌，會導致失敗。

6　用平口擠花嘴擠在烤盤上，一盤擠24片。不可以擠太大，會容易攤開而烤成圓餅狀。

7　用篩子把糖粉篩在表面。

8　放烤箱中上層，烤6分鐘。輕觸表面沒有黏性即可。

9　出爐放涼，取下。如果稍黏在烤盤布上，可以用小刀小心取下。

10　奶油放室溫軟化，加鹽及香草籽快速攪打均勻。

11　兩片小餅中夾一些鹹奶油，成為一組。

周老師特別提醒

● 蛋黃小西餅又叫小牛粒。取消可可粉，低筋麵粉改成90克，就是原味的蛋黃小西餅。

● 因為材料裡沒有油脂，比較不會消泡，所以第二盤可以等第一盤烤好再進爐。

● 蛋黃小西餅裡夾的香草奶油霜，應該是奶油加適量的糖粉和少許鹽及香草籽所打成。因為蛋黃小西餅比較甜，所以我把糖粉取消；這樣也很可口，但兩片小餅容易滑開，口感也不太相同。

熔岩蛋糕

材料

- 牛奶巧克力‧‧‧‧‧120克
- 苦甜巧克力‧‧‧‧‧120克
- 牛奶‧‧‧‧‧50克

- 全蛋‧‧‧‧‧150克(3個)
- 細白砂糖‧‧‧‧‧75克
- 鹽‧‧‧‧‧1/4小匙
- 牛奶‧‧‧‧‧36克
- 低筋麵粉‧‧‧‧‧75克

模型

紙烤杯10個

(容量125c.c.)

烤焙

210℃ / 中上層及中層 / 14分鐘

做法

1　把兩種巧克力加牛奶一起隔水加熱

2　攪拌到完全融化。

3　再隔著冰塊水冷卻。

4　到不易流動即可。

5　裝入塑膠袋裡。

6　捲成長約22公分的棒狀，凍硬。

7　取出切成10小塊

8　用手調整成圓柱體，備用。

9　烤箱預熱。材料B參考16頁進行全蛋打發並混合材料成為麵糊。

10　裝入紙烤杯，只裝1/4高度。

11　放入烤箱的中上層，烤約3分鐘，烤到表面凝結。小心取出，放入一塊巧克力。要放在正中間。

12　把剩餘麵糊平均裝入。注意巧克力的上下周圍都要有麵糊，免得蛋糕烤好還沒切開，巧克力就流出來。

13　再放回烤箱中層，繼續烤11分鐘。趁熱享用。

周老師特別提醒

- 天氣寒冷時，和巧克力一起加熱的牛奶可以增加10克，成為60克，讓巧克力可以保持更久的流動性。其實每個品牌、每種濃度的巧克力凝固點都不同，所以若覺得巧克力流動性太高，蛋糕一切開就整個流出來，就減少牛奶量；若覺得巧克力太結實，蛋糕切開巧克力也不會流下來，就要增加牛奶量。

- 熔岩蛋糕的蛋糕體通常是麵糊類，這裡則是乳沫類，所以必需先烤到表面凝結才能放入巧克力，否則因為麵糊太輕，巧克力會下沈。

- 蛋糕體本身也可以做成巧克力口味，用10克可可粉取代10克麵粉即可。

古典
蜂蜜蛋糕

鮮味豆腐
小鬆糕

古典
蜂蜜蛋糕

這種老式蜂蜜蛋糕，切面不如現在常見的添加SP的蜂蜜蛋糕那麼平滑無孔洞，也比較甜，但是口感很柔潤，微帶黏性，充滿天然蜂蜜的絕佳風味，是上品的甜點和茶食。

材料

- 蜂蜜······120克
- 牛奶······120克
- 低筋麵粉······240克

- 蛋······400克（約8個）
- 細白砂糖······240克
- 鹽······1/2小匙

模型

小木框1個（內長29公分×寬19公分×高8公分）

烤焙

165℃ / 中下層 / 50分鐘

做法

1　在木框裡鋪好烤盤紙，放在烤盤上。

2　烤箱預熱。蜂蜜和牛奶攪拌均勻，麵粉過篩備用。

3　蛋加糖、鹽一起打散，隔水加熱到微溫。高速攪打到濃稠。量比重約0.25。

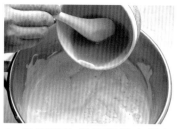

4　把蜂蜜牛奶和麵粉交替加入，拌到完全均勻。

5　翻盆一次，確定底部沒有沈澱。量比重約0.45。

6　倒入木框裡，放入烤箱中下層。

7　烤3分鐘後把烤盤拖出，攪拌麵糊，約拌6、7下即可。

8 再烤3分鐘，再拖出攪拌，一共攪拌3次。

9 烤焙時間共計50分鐘，包括拖出攪拌時間。

10 用手輕按蛋糕中心，覺得沒有沙沙聲即熟。

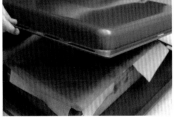

11 取出稍放涼，蓋張烤盤布和另一個烤盤，翻面放置一下，讓表面更平整。

12 再翻回正面，取下木框。

13 包好放置兩天以上，再切成厚片或小長塊食用。

周老師特別提醒

• 蜂蜜的主要成份是葡萄糖和果糖，都是轉化糖，有吸潮的作用，所以蜂蜜蛋糕烤好後放置兩三天（要密封包裝）再品嚐才是最美味的，剛出爐反而顯得乾燥。這叫「回潤」作用，和廣式月餅一樣。

• 因為蜂蜜有天然防腐功能，所以即使是夏天，不冷藏也能保鮮約一週，冷藏保鮮更久，但先決條件是製作和包裝都要非常注意衛生。

• 轉化糖容易讓蛋糕上色焦化。一般說來，蛋糕的光滑表面若呈焦糖色，會顯得很可口，但邊緣和底部焦化後口感就不太好，所以蜂蜜蛋糕常用木框烤焙，這樣邊緣就不會焦化，可以不用切除，大大減少浪費。

• 要避免底部過度焦化，可以在木框下面墊幾層白報紙或烤盤紙；也可以把整盤蛋糕往上移，若是上面著色過深，就蓋張鋁箔紙；如果烤箱的上下火可以分開調節，就在烤焙中途把下火調低。選什麼方法，請依據自己的烤箱的性能來決定。

• 如果糖量過少，或蛋糖沒有打發，或用太小的力量（手提打蛋器）打，蛋糕將會沉澱，冷卻後嚴重下陷。

• 一個木框蛋糕的麵糊份量不少，用手提打蛋器很難打好，最好用攪拌缸。蛋糊打好後，還可以直接把蜂蜜牛奶和麵粉加入攪拌缸裡，一起用慢速拌一陣子，比用手攪拌省時省事，而且更均勻。

• 如果沒有攪拌缸，就不要一次做太多，可用12兩土司模代替木框（如106頁），裡面一樣鋪紙，麵糊份量只要1/3即可。

鮮味豆腐小鬆糕

材料

- 培根（較瘦的）⋯⋯30克
- 豌豆仁⋯⋯10克
- 胡蘿蔔⋯⋯10克
- 家常豆腐⋯⋯60克
- 全蛋⋯⋯100克（2個）
- 細白砂糖⋯⋯50克
- 鹽⋯⋯1/4小匙
- 低筋麵粉⋯⋯60克

模型

矽膠小花模6個（容量75c.c.）

烤焙

200°C／中層／13分鐘

做法

1　把培根煎熟，放涼。

2　和豌豆、胡蘿蔔一起打碎或剁碎。

3　豆腐壓成泥。

4　烤箱預熱。把蛋、糖、鹽打散，隔水加熱到微溫。

5　用高速打到濃稠發白，需要打2至5分鐘，依攪打工具而定。也可以用手指挑些蛋糊測試，約3秒才滴落就是打夠了。

6　把豆腐加入、麵粉篩入，用直形打蛋器攪拌一下，大致混勻。

7　拌勻。不要過度攪拌以免麵粉過度出筋。

8　加培根、豌豆、胡蘿蔔碎，輕輕拌勻。可留少許撒在蛋糕表面做裝飾。

9　分盛在6個模子裡，每個約50克。排在烤盤上。

10　放入烤箱中層，烤13分鐘，烤到表面開始呈金黃色即可。

周老師特別提醒

- 表面可以刷些美乃滋，柔軟可口又可避免變乾。
- 因為矽膠模導熱慢，所以本食譜的烤溫比一般小蛋糕略高；如果用上下火分開調節的烤箱，可以只調高下火而不調高上火，否則底部不容易烤熟。

童年的電鍋蒸蛋糕

這是我小學時，母親第一次學做的蛋糕，我還記得她唸唸有詞的背誦鄰居教給她的食譜：「一斤蛋、一斤糖、一斤麵粉...」。那時烤箱和電動打蛋器很少見，她連手持的普通打蛋器也沒有，只好把十支筷子綁在一起當做打蛋器——我覺得這幾乎是不可能的任務。

但母親成功了，而且這電鍋蒸蛋糕非常好吃，充滿蛋香味而且很有彈性。現在回想起來，這就是真正質樸、完全沒有任何修飾的美味，所以得選用好的材料，如果蛋很腥或麵粉有霉味，很容易就吃出來了。

材料

蛋⋯⋯2個
細白砂糖⋯⋯100克
鹽⋯⋯1/8小匙
低筋麵粉⋯⋯100克

模型

小電鍋內鍋1個
（可煮6碗白飯，直徑15公分）

蒸製時間

25分鐘

做法

1　電鍋內鍋塗油撒粉，外鍋放1米杯份量的水（180c.c.）。

2　材料參考16頁完成全蛋打發並混合材料成為麵糊。刮到內鍋裡，表面抹平。

3　放入電鍋開始蒸，直到開關跳起，約25分鐘。

4　用刺針刺入中心再拔出，如果不黏麵糊即是蒸好。趁溫熱切塊食用。

周老師特別提醒

- 麵糊裡可以拌些葡萄乾，也可以加香草精。若冷藏過，再度食用前要蒸一下。
- 可以用不同大小的電鍋做這個蛋糕；電鍋越大，外鍋水量就要越多，才能蒸夠25分鐘。不過電鍋越大，蒸好的蛋糕表面越不容易保持圓凸。

草莓花籃蛋糕

材料

6吋基本全蛋蛋糕……1個
　（參考15頁製作）
低甜奶油霜……1份（360克）
草莓……數個
香蜂草或薄荷葉……數片

低甜奶油霜材料

奶油……300克
糖粉……50克
牛奶……1大匙
天然香草……少許

低甜奶油霜做法

1　奶油在室溫中放到軟化。如果室溫很低，可以隔水加熱到可以攪拌的程度，但不可以熱到融化。

2　把糖粉篩入，用力攪拌均勻。

3　加入牛奶和香草拌勻即可。

草莓花籃做法

1　用奶油霜在蛋糕外均勻覆蓋薄薄一層。

2　擠竹籃花樣。

3　把草莓切成花形，放在蛋糕上，再用香蜂草點綴。

周老師特別提醒

• 奶油霜大約只會用掉三分之二，但得多打一點才方便擠花。剩下的奶油霜冷藏可以放很久，或在做餅乾時依配方換算把它用掉（若剩下100克奶油霜，裡面大約有86克是奶油，14克是糖粉）。

• 市售奶油霜顏色比較白，因為材料是白油或半量白油半量奶油，但本書不使用白油等人造油脂，全量都是奶油。

 分蛋蛋糕————

基本**分蛋蛋糕** ○ DVD

把蛋白蛋黃分開，各別攪打，就是分蛋蛋糕。蛋分開後，蛋白可以完全發揮其黏性而打入極多空氣，蛋黃可以和更多的水份和油脂攪拌而輕易將之乳化，然後兩者再拌合，使蛋糕得到最大的體積，非常蓬鬆又溼潤可口。

蓬鬆和溼潤，原本是互相抵觸的，因為水份和油脂都會提高蛋糕的比重，尤其沒有添加物時。分蛋蛋糕在水份和油脂高於全蛋蛋糕兩倍時，比重還能比全蛋蛋糕更低，所以值得製作上的麻煩。

做分蛋蛋糕，最重要的就是使用冷藏的蛋（16～17℃），尤其是夏天。蛋白絕不能沾油沾水。蛋白的起泡力很怕油脂破壞，只要沾了一點油就無法打好；水份雖然不如油脂破壞力強，但也不要冒險沾到。

蛋黃也含油脂，也會破壞蛋白的起泡。讓人驚奇的是，全蛋裡含有很多蛋黃照樣可以打起泡，甚至額外加蛋黃效果更好；單獨打蛋白時，卻只要沾到一絲蛋黃就會失敗。這是因為兩者的起泡機制並不相同，前者是黏稠乳化物質包裹空氣，後者是膠狀蛋白質包裹空氣。

分蛋蛋糕，最常見的是法式海棉和戚風蛋糕。法式海棉和一般海棉蛋糕的差別就是，法式海棉把蛋白蛋黃分開攪打；一般海棉蛋糕使用全蛋打發。戚風蛋糕，原本被解釋為乳沫蛋糕和麵糊蛋糕的綜合體，但看現在的配方，它完全是乳沫蛋糕，和法式海棉的差別似乎只有添加發粉和塔塔粉而已，本書不用任何添加物，所以它們完全沒有分別，都是分蛋蛋糕。

以下是一個9吋的基本分蛋蛋糕配方，做好的蛋糕有7、8公分高，若是加上夾心和霜飾就有11、12公分高，有些蛋糕盒甚至冰箱會裝不下，這時請改用10吋模子烤，讓蛋糕扁一點。

材料

蛋黃部份

蛋黃······68克（4個）

細白砂糖······40克

鹽······1/4小匙

沙拉油······50克

牛奶······100克

低筋麵粉······120克

蛋白部份

蛋白······132克（4個）

細白砂糖······88克

模型

9吋活動圓模1個（模內徑23公分，內高7公分，容量約2761c.c.）

烤焙

165℃ / 下層 / 45分鐘

攪拌蛋黃

1 烤箱預熱。把蛋黃、糖、鹽一起攪打。

2 攪打片刻,直到顏色變白一些。

混合材料

3 沙拉油分幾次加入,每次都要攪拌均勻才能再加。

4 把牛奶也倒入拌勻。

5 把麵粉篩入,拌勻。

6 這些動作都可以用直形打蛋器完成。

7 加了麵粉後好像怎麼攪拌都有顆粒,但只要放置一下就會更均質。

蛋白打發

8 使用乾淨無水無油的鋼盆及打蛋器,放入蛋白。

9 蛋白用高速或中速打到起泡,依使用的機器的力量決定。加入1/3糖,繼續打一陣子,泡沫開始有立體感。

10 再加1/3糖,繼續打一陣子,大氣泡幾乎消失,組織變得細緻。

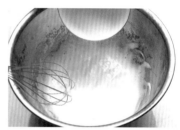

11 加最後1/3的糖,繼續打。

12 拉起測試時蛋白霜會向下流動,表示打發還不足。

13 到溼性發泡,外表有水光,拉起測試時手感輕軟,尖峰呈下垂狀。

14 攪打片刻再觀察，若是水光漸漸消失，拉起測試時手感厚重，尖峰不下垂，就是硬性發泡（或稱乾性發泡）。

混合成麵糊

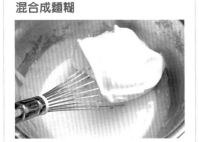

15 把一半蛋白霜刮到蛋黃糊中。

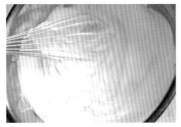

16 先用直形打蛋器拌到半勻。

17 再換橡皮刀以從下往上翻的方式拌勻。

18 整個倒回另一半蛋白糊裡，攪拌均勻。確定盆底沒有蛋黃糊沈澱。

19 刮入活動模裡。

20 敲一敲把大氣泡震破。

21 放入烤箱下層，烤45分鐘。

22 用手輕按中心，覺得有彈性而沒有浮動感，就是熟了。也可以用刺針從中間刺下去再拔出，不沾麵糊就是熟了。取出倒扣冷卻。可以放在涼架上或兩個倒扣的碗上。

脫模

23 一定要等完全涼透才能脫模，用利刀沿邊緣切開。刀尖緊貼模子稍用力切動。

24 脫去四周圓模。

25 再切掉模子底部。

比 重 與 耗 損					
材料原重	600克	蛋糕熟重	509克	耗損率	15%
		蛋糕體積	2544立方公分	蛋糕比重	0.20

蛋白打發的三大重點

重點一、分次加糖及以加糖的時機

蛋白加糖越多,攪打越費時費力,但可以打得越結實,蛋糕就越蓬鬆且不易塌陷。蛋白加糖越少越容易攪打,完全不加糖的蛋白可以輕易打發,但是泡沫大又鬆軟,沒有支撐力。

通常蛋白加本身重量2/3的糖最適中。糖需分幾次加入,太早加入攪打費力,太晚入加無法徹底溶入蛋白,等於糖量不足,蛋白就不夠結實。

重點二、攪拌器

打蛋白比打全蛋容易一點,可以用手打,但還是很累人,最好能用攪拌缸。手提電動打蛋器也可以,但如果只有兩隻硬的攪拌腳,比較不適合打發蛋白和鮮奶油,最好能選用另附一隻鋼絲攪拌腳的機型,做分蛋蛋糕效果最好。

但如果用攪拌缸高速打蛋白,可能會打得不平均,所以要測試時請先把鋼絲腳卸下來,拿著它把整盆蛋白攪拌幾圈,讓它平均,並感覺它的軟硬,再提起測試。因為測試時總有施力的誤差,所以若測試三次只有一或兩次可以拉出不下垂的尖峰,這樣就可以了。

重點三、不可過度攪打

蛋白打到硬性發泡後絕不能再繼續攪打,否則會打過頭成棉團狀。如果打好放著不管,也會變成棉團狀。打成棉團狀的蛋白無法再變回正常狀態,而且又輕又沒有黏性,很難與蛋黃糊拌勻,會成一小團一小團分散在麵糊中,硬要拌勻就會拌到麵糊消泡。

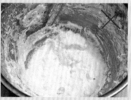

分蛋蛋糕常見Q&A

分蛋蛋糕的步驟雖然比全蛋蛋糕繁複一點,但並不會更困難或更容易失敗。不過分蛋蛋糕的最大優點就是膨鬆,做成圓蛋糕更容易保持膨鬆(相較於平盤蛋糕),成品冷卻後比重只有0.20,若照一般戚風蛋糕的做法加入發粉和塔塔粉,更可以做到冷卻後表面保持平坦甚至稍微圓凸,比重不到0.19,是最輕的蛋糕。

所以若是成品不夠膨鬆,比重高於0.2太多,就不算成功,或許品嚐起來還是鬆軟可口,但對追求完美的烘焙者來說總是件憾事。分蛋蛋糕不夠膨鬆的情況有有Q1、Q2兩種,Q3～Q7則是其他分蛋蛋糕常見的問題。

Q1:為什麼蛋糕在爐中就不太會膨脹,出爐後表面可以保持圓凸或平面,但體積相當小?

A 可能是計算錯誤,模型大麵糊少。可能是配方裡蛋量或糖量太少,或麵粉太多。也可能是麵粉的筋度太強。

如果配方和材料沒問題,就可能是製作過程中有延誤,例如蛋白打好沒有立刻與蛋黃部份拌合,或拌合太久,或拌好沒有立刻進爐。

如果沒有犯以上錯誤,就可能是烤箱的問題。某些家用小型烤箱,因為容量小所以聚熱太快,使表面和黏附模壁的麵糊太快凝結,造成蛋糕膨脹不良,在整個烤焙過程中,始終不能膨脹到滿模。這時可以試試特別的低溫烤焙法:先用125°C烤到蛋糕完全膨脹,可能需要35～40分鐘,這時蛋糕著色很淺,內部是稀軟的;然後再用175°C繼續烤到熟,可能需要20分鐘。這種烤法看似奇怪,但很多人試用後都非常成功地解決了蛋糕膨脹不足的問題。

Q2：為什麼蛋糕在爐中膨脹得非常高，出爐後下陷異常嚴重，變得很扁，口感很扎實？

A 最大的可能是蛋白沒有打到硬性發泡，甚至連溼性發泡都不到。或蛋白沒有加足量的糖攪打。

Q3：為什麼分蛋蛋糕一定要用活動烤模？

A 主要目地是為了保持蛋糕的體積不縮小。

分蛋蛋糕因為太鬆軟，所以很容易變形縮小，如果烤好後能黏在模子裡並倒扣放涼，周圍和底部就無法變形，表面也因為重力的緣故不會下陷，或至少不會下陷的太嚴重，等冷卻固定後再脫模，蛋糕就能保持最大的體積。

要讓蛋糕黏在模子裡，模子就不能墊紙、塗油、撒粉，所以要用活動模才能脫模。

有時沒有墊紙、塗油、撒粉，蛋糕倒扣時也會自動離模落下，這是因為底火不足，蛋糕的底部和周圍沒有焦化，黏不住烤模。這樣的蛋糕顏色金黃，比外表焦化的蛋糕好看，但體積會縮小很多，失去使用活動烤模和倒扣的意義。（右圖右是外表焦化黏模的蛋糕，左是自動脫模的蛋糕）

Q4：為什麼蛋糕底部有不規則凹洞？

A 如果麵糊打得濃、模子又小，入模時容易覆入空氣。記得入模後用筷子插到模底刮幾圈，同時再三輕敲模子，把空氣敲出來。

Q5：分蛋蛋糕的火候為什麼非常難拿捏？

A 分蛋蛋糕對於烤焙非常敏感，若是火候不足、火候超過、上下火不平均，都不能烤出完美的成品，即使完全遵照食譜，結果也未必完全相同，所以每次烤焙都要做記錄，而且只要換了烤箱、配方、份量、材料或烤模，都要再做記錄，才能找到最恰當的烤焙法。

基本上，如果蛋糕內外都很乾，容易掉屑，就是烤焙過久。如果外表烤焦但裡面不乾，只是組織粗鬆一點，就是烤溫過高。如果外表顏色淺，甚至發黏，裡面組織緊密細軟，就是烤溫過低。

如果蛋糕表面焦底面生，就是上火強下火弱（烤盤放太上層）；反之就是上火弱下火強（烤盤放太下層）。

Q6：為什麼蛋糕在爐中膨脹得很高，表面嚴重破裂，出爐後稍下陷？

A 分蛋蛋糕表面破裂只是溫度過高，不算嚴重的問題，但如果因為表面膨脹到嚴重破裂，使得蛋糕出爐後反而下陷，就要降低烤溫。如果溫度並沒有過高（例如像本食譜用165℃，蛋糕也沒有烤焦的情形），那就是烤箱壓力過大。有些烤箱密閉性太好，內部壓力就會很大，蛋糕就容易膨脹到破裂，即使烤不易破裂的平盤蛋糕，也會像吹氣般高高鼓起。這時應該開氣門或把烤箱門打開一些來烘烤。如果烤箱沒有氣門，甚至不允許開門烘烤，就很難

解決這問題，建議把配方裡的水份略減（本配方的牛奶可減到75克），也許有些幫助。

Q7：為什麼蛋糕表皮之下有溼黏層？

A 配方裡糖量太多，或是糖太粗，沒有完全溶化在麵糊裡。

咖啡蛋糕捲

蛋糕捲的蛋糕體一般都烤得比較薄，以免捲時破裂，但如果提高蛋白的比例，就可以烤得相當厚也不容易捲破。例如本篇食譜，和另一篇的奶凍捲比起來，材料總量差不多，但烤模小了一半，所以蛋糕厚了一倍，但仍然很好捲，不會破裂。

這是因為蛋白是溼性材料也是韌性原料，可以讓蛋糕又溼潤又有彈性，所以不易捲破。當然，烤焙火候也很重要，同樣要把蛋糕烤到熟而不過火，而且上面正常著色，底面幾乎不著色，才能捲出漂亮的蛋糕捲。

材料

蛋黃部份

蛋黃⋯⋯51克（3個）

細白砂糖⋯⋯25克

鹽⋯⋯1/4小匙

沙拉油⋯⋯40克

咖啡⋯⋯80克

低筋麵粉⋯⋯100克

蛋白部份

- 蛋白⋯⋯132（4個）
- 細白砂糖⋯⋯88克

- 咖啡奶油霜⋯⋯適量
  （參考144頁）
  咖啡豆或咖啡豆形巧克力
  ⋯⋯數粒

模型

方烤模1個（長31公分×寬23公分）

烤焙

175℃ / 中層 / 23分鐘。

做法

1 烤箱預熱。模底墊張烤盤紙。

2 蛋黃加糖、鹽打勻，再把沙拉油一匙匙加入攪拌到均勻。

3 加咖啡拌勻。

4 把麵粉篩入，拌勻。放置一下會更均質。

5 蛋白打起泡，再把糖分幾次加入，打到硬性發泡。

6 把一半蛋白糊刮到蛋黃糊中，輕輕拌勻。

7 再把蛋黃糊倒回另一半蛋白糊裡，依此法攪拌，要確定盆底沒有蛋黃糊沈澱。

8 倒入模中，敲幾下使大氣泡破裂。

9 用刮板刮平。

10 放入烤箱中層，烤約23分鐘，用手輕按有彈性即是烤好。

11 出爐，立刻把邊緣割開，放涼。

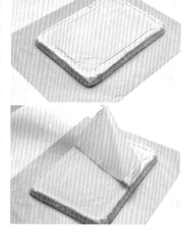

12 倒扣在烤盤布上，撕掉墊底的烤盤紙。

13 抹上咖啡奶油霜。

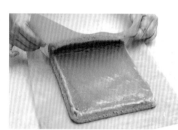

14 捲起。

15 捲蛋糕時用擀麵杖協助會比較好捲。

16 兩邊比較硬的邊緣可以切掉。

17 表面用擠花袋裝奶油霜,擠花,再用咖啡豆或豆形巧克力裝飾。

周老師特別提醒

咖啡可用任何喜歡的口味,但最好是濃度較高的黑咖啡,否則顯不出味道。

花生花紋捲

材料

蛋黃部份

蛋黃⋯⋯51克（3個）

細白砂糖⋯⋯25克

鹽⋯⋯1/4小匙

花生油⋯⋯40克

牛奶⋯⋯80克

低筋麵粉⋯⋯100克

蛋白部份

蛋白⋯⋯132（4個）

細白砂糖⋯⋯88克

裝飾線材料

┌ 蛋黃⋯⋯1個
└ 細白砂糖⋯⋯半大匙

內餡

花生醬⋯⋯適量

模型

方烤模1個（長31公分×寬23公分）

烤焙

175℃ / 中層 / 23分鐘。

做法

1 烤箱預熱。模底墊張烤盤紙。

2 先把裝飾線材料準備好：把蛋黃和細砂糖打勻，過濾在一個小塑膠袋裡，袋口綁緊。

3 接著參考48頁製作分蛋蛋糕。

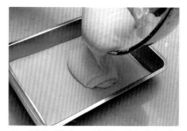

4 倒入模中，敲幾下使大氣泡破裂。

5 用刮板刮平。

6 把裝飾線材料的袋口剪一個小洞，擠在蛋糕上，如果滴落也無妨，就像花生顆粒和藤蔓一樣。

7 用筷子劃線條，增加變化。

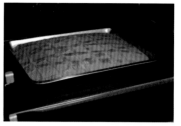

8 放入烤箱中層，烤約23分鐘，用手輕按有彈性即是烤好。

9 出爐，立刻把邊緣割開，放涼。

10 倒扣在烤盤布上，撕掉墊底的烤盤紙。

11 把花生醬攪拌軟化，抹在蛋糕上。兩邊比較硬的邊緣可以切掉。

12 捲起。捲蛋糕時可用擀麵杖
協助會比較好捲。

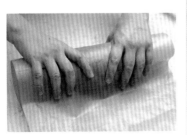

13 用手捲緊。

14 靜置一下讓蛋糕捲固定。

15 切片即可食用。

周老師特別提醒

• 只要用花生油代替沙拉油，
就可以做出有明顯花生風味
的蛋糕，當然純花生油的味道
最濃，但純花生油比較難買
到，用調合花生油也可以。

• 各種花生醬的甜度相差很
多，如果不想增加蛋糕的甜
度，請使用最不甜的。

• 裝飾線由蛋黃和糖拌合，這
樣特別容易著色。如果要擠細
而整齊的線條，糖可用糖粉
代替，拌合後也一定要過濾，
袋子的開口要剪得很小。

大理石蛋糕

材料

蛋黃部份

- 蛋黃·····48克（3個略小的）
- 細白砂糖·····30克
- 鹽·····1/6小匙
- 沙拉油·····35克
- 牛奶·····70克

A 低筋麵粉·····42克

B
- 低筋麵粉·····32克
- 可可粉·····10克

蛋白部份

- 蛋白·····92克（3個略小的）
- 細白砂糖·····60克

模型

活動空心模1個
（直徑17公分，高7公分）

烤焙

190℃ / 下層 / 25分鐘

做法

1 烤箱預熱到190℃。

2 把蛋黃、糖、鹽攪打片刻，直到顏色變白一些。沙拉油分幾次加入拌勻。加牛奶拌勻。

3 分成兩小盆，每盆約90克。

4 一盆把A麵粉篩入拌勻。

5 另一盆把B麵粉和可可粉篩入。

6 拌勻。

7 蛋白參考48頁打起泡，分3次加糖，打到硬性發泡。

8 把一半約75克的蛋白霜刮到白麵糊裡，拌勻。

9 另一半約75克刮到黑麵糊裡，拌勻。

10 兩盆各自輕輕拌勻。

11 交替刮入活動模裡。

12 用筷子伸到底部攪拌2～3圈以產生花紋。

13 輕敲出大氣泡。

14 放入烤箱下層烤25分鐘。
15 用手輕按，有彈性而沒有浮動感，或是用探針刺入不沾麵糊，就是熟了。

16 出爐，倒扣放涼。

17 脫模。

周老師特別提醒

- 大理石蛋糕要顏色分明，所以可可粉一定要用無糖無奶的苦可可粉，份量也不可太少；用筷子攪拌時也不要拌太多圈，以免黑白混合得太均勻。
- 這是一個厚實的鋼模，不容易導熱，所以用190℃烤，才能黏模而不縮，但表面更會破裂，且著色會過深，如果介意，可以在最後5分鐘用一小張鋁箔蓋在上面。
- 底火不足沒有黏模而自動脫落的大理石蛋糕（如下圖左），表面比較好看，但體積會縮小相當多。

- 用一般烤模烤這個蛋糕，用175℃即可，烤焙時間不變。

波士頓派

波士頓派就是以派盤烤焙的海棉或分蛋蛋糕，表面圓鼓的形狀最具代表性；但是要用寬而淺的派盤烤出冷卻後仍然圓鼓的蛋糕，本來就不容易，本書的配方又沒有添加發粉，就更加困難，所以只要能烤到表面不破裂也不下陷即可，若是麵糊夠多蛋糕體夠厚，再加上適量的內餡，就能夠呈現可愛的圓鼓外貌。

材料

蛋黃部份

蛋黃‧‧‧‧‧51克（3個）

細白砂糖‧‧‧‧‧40克

鹽‧‧‧‧‧1/4小匙

牛奶‧‧‧‧‧100克

低筋麵粉‧‧‧‧‧120克

蛋白部份

蛋白‧‧‧‧‧132克（4個）

細白砂糖‧‧‧‧‧88克

內餡

鮮奶油‧‧‧‧‧約300克

罐頭水蜜桃‧‧‧‧‧數片

防潮糖粉‧‧‧‧‧少許

模型

7吋派盤2個（內直徑17.5公分，容量約490c.c.）

烤焙

165℃／下層／35分鐘

做法

1 烤箱預熱。派盤底部墊烤盤紙。

2 把蛋黃、糖、鹽攪打片刻，直到顏色變白一些。

3 把牛奶倒入拌勻。

4 把麵粉篩入，拌勻，放置一下使之更均質。

5 蛋白打起泡，再分3次加糖，打到硬性發泡。

6 把一半蛋白糊刮到蛋黃糊中，輕輕拌勻。

7 整個倒回另一半蛋白糊裡，依法攪拌。

8 平均刮入2個派盤裡。

9 敲一敲把大氣泡震破。

10 放入烤箱下層，烤35分鐘。

11 用手輕按中心，覺得有彈性而沒有浮動感，就是熟了。

12 取出倒扣放涼。

14 用利刀將蛋糕橫剖，取下上層蛋糕。

15 沿邊緣切開，撕掉底紙。放回派盤。

16 鮮奶油打到7分發，抹在蛋糕上。

17 放幾片切開的水蜜桃，再抹鮮奶油把水蜜桃大致蓋住。

18 把上片蛋糕蓋上來。

19 輕輕施壓讓外形圓鼓美觀。

20 抹上薄薄的鮮奶油。

21 再篩上多量的防潮糖粉。

周老師特別提醒

鮮奶油可以加1/10的糖同打，攪打的方法請看第146頁。鮮奶油的用量很有彈性，喜歡多一點少一點都沒關係；不過用來做蛋糕表面霜飾時，要把技巧練熟才能用得少，所以初學者可以多打一點備用，用剩的可以泡咖啡或拌水果沙拉。夾心的水果可以任意選用。如果沒有防潮糖粉，表面可以不要抹鮮奶油，直接篩一般糖粉即可，但這樣比較容易飛落。

芋泥
波士頓派

烤全蛋或分蛋蛋糕，有時是為做其它蛋糕的墊底之用，只需要1、2片薄片，如果因此只做少許份量，有點浪費時間，其實也會浪費材料；不如烤一整個蛋糕，切掉需要用的薄片後，蛋糕約只剩下3/4厚度，就可以修圓了做成波士頓派，夾上香甜的芋泥餡，非常受歡迎。

材料 9吋1個

9吋分蛋蛋糕……3/4個
　（參考47頁）
芋泥餡……1份（240克）
鮮奶油……約200克
芋頭醬……數滴

做法

1 用食物剪刀修剪蛋糕，把上緣修圓。放在蛋糕轉台上，橫切成兩片。

2 把芋泥餡擠或抹在中間。

3 覆上上片蛋糕。

4 鮮奶油打到7分發，自然地抹在派上。

5　滴幾滴芋頭醬在鮮奶油上。

6　一手旋轉轉台，一手用橡皮刀刮抹鮮奶油和芋頭醬，形成自然的紫色花紋。

芋泥餡

材料

芋頭(淨重)‥‥‥150克
細白砂糖‥‥‥30克
鮮奶油‥‥‥60克

做法

1　芋頭切片，放在蒸籠布上，大火蒸20分鐘，能輕易壓碎就是熟了。

2　用擀麵棍搗碎。

3　倒在盆裡，趁熱加糖及鮮奶油。

4　用食物攪拌器打成泥。如果沒有攪拌器，就繼續用擀麵杖搗成泥，即使留有碎塊也無妨，口感更有變化。

周老師特別提醒

芋頭醬是芋頭香料加色素，烘焙材料行都有，如果買不到就用紫色食用色膏代替，只是沒有香味。本書只有兩個地方用到香料和色素，純為裝飾效果，若是介意可以抹掉不吃。

周老師特別提醒

蒸熟的芋頭塊如果用不完，可以冷凍保存。解凍後要再蒸透才搗碎使用，不然可能有纖維化現象，就是搗碎後看起來粗粗的，吃起來有點刺嘴。

焦糖焗布丁
蛋糕

周老師特別提醒

• 焦糖的煮法請參考第148頁，煮的越焦顏色越深，比較好看，但味道也越苦。煮好立刻倒入模中，以免放涼凝結難倒。

周老師特別提醒

• 焦糖的煮法請參考第148頁，煮的越焦顏色越深，比較好看，但味道也越苦。煮好立刻倒入模中，以免放涼凝結難倒。

• 用剩的焦糖加一點熱水再煮一下，變成比較稀的焦糖液，裝瓶保存，可以用來調味或淋在咖啡上。

• 蛋糕扣出後蒸化的焦糖會流下來，沾在蛋糕體上，特別溼潤可口。（市售的盒裝冷藏布丁，上面的焦糖不是單純的焦糖，而是加了膠粉和色素的焦糖汁，所以顏色很黑，扣出來凝而不散。如果只有焦糖，會呈琥珀色，扣出後也會流下來）

• 做焦糖焗布丁蛋糕，就和焗布丁一樣，要隔水烤，所以不能用活動模型，以免滲水。

• 隔水就是把模型放在水上烤，這水若沸騰，布丁就會有孔洞。雖然開始烤時用冷水，但若烤箱太過密閉，到後來水還是有可能會沸騰，介意的話就加些冰塊以降低水溫，只要不沸騰即可。

奶凍捲

薯泥
杯子蛋糕

焦糖焗布丁
蛋糕

焗布丁，是用蛋的凝結力把牛奶和糖凝結起來，適合熱食。焗布丁要在模底淋點焦糖液，不但有助色香味，而且容易脫模。

焗布丁時把蛋糕糊倒在布丁液上一起烤熟，就是焦糖焗布丁蛋糕（因為比重不同所以不會混合，不必擔心）。

材料

焦糖材料

細砂糖‧‧‧‧‧1杯
水‧‧‧‧‧1/4杯
滾水‧‧‧‧‧1/4杯

布丁材料

蛋‧‧‧‧‧100克（2個）
牛奶‧‧‧‧‧330克
天然香草‧‧‧‧‧少許

蛋糕材料

```
┌ 蛋黃‧‧‧‧‧34克（2個）
│ 細白砂糖‧‧‧‧‧40克
│ 鹽‧‧‧‧‧1/4小匙
│ 沙拉油‧‧‧‧‧30克
│ 牛奶‧‧‧‧‧45克
└ 低筋麵粉‧‧‧‧‧65克
┌ 蛋白‧‧‧‧‧66克（2個）
└ 細白砂糖‧‧‧‧‧44克
```

模型

8吋圓模1個
（直徑20公分，高7公分）

烤焙

190℃／中下層／40分鐘

做法

1 先煮焦糖，參考147頁，趁熱倒入蛋糕模底部，約50克。
2 放入冰箱冷藏，以使焦糖凝結。

3 把布丁的材料攪拌均勻，但不要打出泡沫。過濾。

4 把烤箱預熱，開始製作蛋糕。參考48頁，將蛋糕材料製作成分蛋蛋糕麵糊。

5 取出冷藏的蛋糕模，把布丁液輕輕倒入，勿太用力以致沖散焦糖。

6 把蛋糕麵糊倒在布丁液上。
7 輕輕抹平。
8 烤盤放入烤箱中下層，加水到接近1公分高。
9 把蛋糕放在水上，烤約40分鐘即可。不要讓水乾掉，若是沸騰可以加點冰塊降溫。
10 出爐，放置一下。

11 邊緣用刀劃開，倒扣在盤子上，趁熱享用，但也可以冷食。注意不可用紙盤盛裝，融化的焦糖會流下把紙盤浸溼。

奶凍捲

分蛋蛋糕比起全蛋蛋糕更溼潤有彈性，所以更容易捲，比較不會破裂，即使開始捲處也不易破裂。要注意捲的力道，事實上捲得太輕比捲得太用力更容易讓蛋糕破裂，因為蛋糕片內側沒收緊，外側就會迫撐開，所以容易破裂。

材料

基本分蛋蛋糕麵糊……1份
　　（參考47頁）
香草奶油布丁餡……半份
　　（參考145頁）

模型

烤盤1個
（長約41公分×寬約35公分）

烤焙

175℃ / 中層 / 18分鐘。

做法

1　烤箱預熱。烤盤上鋪烤盤布。
2　把麵糊倒在烤盤上，用大刮板抹平。敲一敲把大氣泡震破。
3　放入烤箱中層，烤約18分鐘。用手輕按中心，有彈性而沒有浮動感即可。
4　出爐，撕開邊緣，放稍涼。

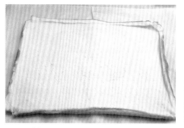

5　倒扣在另一張烤盤布上，撕掉墊底的烤盤布。

6　切掉硬邊，切成兩塊。
7　再倒扣一次（讓有著色的表面朝上）。

8　把剛煮好的香草奶油布丁餡擠在中間。

9　捲起來，用烤盤布輕輕包著。

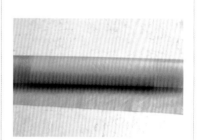

10　放涼到固定再分切。一條切成6小塊。

周老師特別提醒

奶油布丁餡要趁還溫熱時擠，完全冷卻後會定形而難擠。擠多少份量可依喜好增減。

薯泥
杯子蛋糕

材料

蛋糕材料

蛋黃⋯⋯51克（3個）
鹽⋯⋯1/8小匙
沙拉油⋯⋯20克
牛奶⋯⋯20克
低筋麵粉⋯⋯25克
蛋白⋯⋯105克（3個大的）
細白砂糖⋯⋯53克

紫色薯泥

紫色甘薯（淨重）⋯⋯300克
細白砂糖⋯⋯30克
鮮奶油⋯⋯100～150克

黃色薯泥

黃色甘薯（淨重）⋯⋯330克
細白砂糖⋯⋯10克
鮮奶油⋯⋯85～110克

模型

小型紙烤杯14個（容量80c.c.）

烤焙

180°C / 中下層 / 14分鐘

做法

1　烤箱預熱。

2　蛋黃加鹽攪拌，再依序把沙拉油和牛奶加入拌勻。

3　麵粉篩入，攪拌均勻。

4　蛋白打起泡，分3次把糖加入，打到硬性發泡。

5　把蛋黃和蛋白兩者輕輕拌勻。

6　平均裝在小紙烤杯裡，每個約18克。用筷子攪一攪並敲敲杯子，以免底部有大空洞。

7　放烤箱中下層，烤14分鐘即可。

8　把甘薯切塊蒸熟，需要15～20分鐘。

9　趁熱加糖搗成泥。

10　放涼再加鮮奶油攪拌均勻。紫色跟黃色的做法一樣。

11　擠在蛋糕上成霜淇淋狀，開始時要擠入蛋糕裡。每個大約30克。

周老師特別提醒

● 以上兩色薯泥的配方都是全部份量，都足夠擠在14個小杯子蛋糕上，所以只要擇一製作即可。

● 薯泥營養可口，加在柔軟的蛋糕裡，是小朋友的最佳點心。因為紫色甘薯水份少而且比較不甜，所以兩者配方不同，但讀者可以視情況任意調整糖和鮮奶油的份量，只要薯泥柔軟好擠即可。

焦糖奶油
蘭姆香蕉蛋糕

材料

基本分蛋蛋糕······1個

　　（參考47頁）

香蕉······2根

奶油······30克

蘭姆酒······適量

黃砂糖······適量

冰淇淋······2球

模型

焗盅2個（內直徑12公分，內高6公分，容量580c.c.）

烤焙

250℃ / 上層 / 數分鐘

做法

1　烤箱預熱。

2　把蛋糕橫切成厚約2公分的片。

3　切成和焗盅一樣大小。若面積不夠，可以用兩片拼成一個圓。

4　香蕉切厚片，加奶油炒到變軟且發出香味。

5　在焗盅裡放一片蛋糕，刷些蘭姆酒。

6　放些奶油炒香蕉，再蓋一片蛋糕。

7　重覆疊3層蛋糕和香蕉。

8　撒上黃砂糖。

9　放烤箱上層烤幾分鐘，直到砂糖開始融解焦化。

10　取出，加一勺冰淇淋，趁熱享用。

鮮奶油
水果夾心
蛋糕
→p68

伯爵鳳梨
燭型蛋糕
→p70

鮮奶油水果夾心蛋糕

材料 9吋1個

9吋分蛋蛋糕‧‧‧‧‧‧1個

　（參考47頁）

無糖鮮奶油‧‧‧‧‧‧350克

細白砂糖‧‧‧‧‧‧35克

天然香草‧‧‧‧‧‧少許

水果丁‧‧‧‧‧‧適量

草莓‧‧‧‧‧‧適量

奇異果‧‧‧‧‧‧適量

做法

1　把蛋糕脫模，放在轉台上。

2　鮮奶油加糖和香草快速攪打，參考146頁步驟圖，打到凝固但柔軟好塗抹，約7分發。

3　把蛋糕橫剖成兩片。若沒有長蛋糕刀，就用其它刀子也可以，切得不平整也無妨，夾上夾心就看不出來。

4　抹一點鮮奶油在蛋糕側邊做記號。

蛋糕體和霜飾材料也要性質配合。鮮奶油輕柔爽口，是最高級又受歡迎的霜飾材料，但並不是所有的蛋糕都適用，例如麵糊類蛋糕比較結實不鬆軟，冷藏又會變硬，就不宜用鮮奶油裝飾。

分蛋蛋糕是最鬆軟的蛋糕，又因為含大量空氣而不含固體油脂，冷藏也不會變硬，所以最適合與鮮奶油搭配。

5　把上片蛋糕取下。

6　在切面上塗一層鮮奶油。

7　排列水果丁。

8　再塗一層鮮奶油。水果上下方都要有鮮奶油，不然容易出水浸溼蛋糕。

9　把上片蛋糕疊回來，記號處要對齊。蛋糕頂部一定要平整不能歪斜。

10 周圍抹上鮮奶油。抹刀或橡皮刀要壓著奶油塗開，不要太用力而直接刮到蛋糕，不然會沾到蛋糕屑而污染奶油。

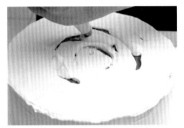

11 用刮板把周邊奶油刮平。

12 不足的地方再擠上鮮奶油補足。

13 用刮板刮平。

14 以一些水果裝飾。

15 剩餘的鮮奶油要用來擠花，如果太軟必需打硬一點，否則擠出的花不會立體美觀。

16 擠花袋裡裝個菊花嘴，填入鮮奶油。

17 袋口扭緊。

18 在蛋糕上擠自己喜歡的花樣。

19 再用一些水果裝飾即可。

周老師特別提醒

• 攪打鮮奶油和保存鮮奶油的注意事項，請看第146頁，糖量可以自行調整，不加也無妨。

• 家庭自製鮮奶油蛋糕，不必追求複雜的花樣，只要乾淨就好，不要沾很多蛋糕屑弄得像麻子臉。最重要的一點就是，每次用橡皮刀或刮板到盆裡取鮮奶油時，都要檢查工具上是否已經沾了蛋糕屑，如果有就要擦乾淨，才不會污染整盆鮮奶油。

• 如果要擠花，記得不要一直用手掌握著擠花袋，只能以手指輕持，以免手溫使鮮奶油融化出水。

• 如果抹得不好，也不想擠花，就整個撒滿巧克力米即可，這是最方便又可口的遮醜之道；也可以用各種鮮艷美味的水果排滿表面，自然高貴美觀。

• 蛋糕做好不能立刻分切或晃動，不然上下層會滑開。至少要冷藏半天，鮮奶油霜飾才會固定，也才能切得漂亮，所以若是要送人，最好前一天就做好。

• 如果製作時每個步驟都注意衛生，鮮奶油蛋糕其實可以保鮮將近一週。冷藏時若沒有放在蛋糕盒裡，鮮奶油會保護蛋糕不致於變乾，但水果就沒有保護，所以若是要冷藏多日，水果上得塗層亮光膠。

• 切蛋糕時要用長一點的利刀，切一刀就用紙巾把刀擦乾淨，才能切得乾淨俐落。裝盤時，先把切刀鏟入一塊蛋糕下面托起來，左手手指輕輕支撐著蛋糕，再移到盤中放好，再把刀抽出（若有專用的蛋糕鏟更方便）。鮮奶油水果蛋糕，即使裝飾得再簡單，也是很美的食物，所以就算是自己吃的，不用像餐廳供應的那麼講究，也別弄得東倒西歪支離破碎。

伯爵鳳梨燭型蛋糕

材料

蛋糕體

蛋黃部份

- 蛋黃······68克（4個）
- 細白砂糖······40克
- 鹽······1/3小匙
- 沙拉油······50克

A 伯爵茶（茶包）······40克

B 鳳梨原汁······40克

低筋麵粉······120克

蛋白部份

蛋白······132克（4個）

細白砂糖······88克

伯爵茶凍

吉利T······2小匙

細白砂糖······1大匙

冷伯爵茶······160克

組合

無糖鮮奶油······350克

細白砂糖······35克

檸檬皮末或伯爵茶葉······少許

鳳梨片······2片

伯爵茶凍······1片

水果片及亞答仔······適量

模型

6吋活動圓模2個（模內徑15公分，內高6公分多，容量約1089c.c.）

烤焙

165℃／下層／35分鐘

做法

蛋糕體

1 烤箱預熱。

2 麵糊打法與基本分蛋蛋糕相同（參考48頁），但蛋黃部份在加了沙拉油後分成兩小盆。

3 一盆加伯爵茶拌勻，再加半量麵粉攪拌。

4 另一盆加鳳梨汁拌勻，再加半量麵粉攪拌。

5 蛋白加糖打到硬性發泡（參考48頁），平均分到兩盆裡。

6 各自拌勻，倒入活動模內。放烤箱下層烤35分鐘左右。取出倒扣放涼再脫模。包好避免乾燥，備用。

伯爵茶凍

7 把吉利T和細白砂糖放小鍋裡，攪拌均勻。

8 加入冷茶拌勻。煮沸，立即熄火。

9 倒入直徑約12～13公分的圓形容器裡，冷藏到凝固。

蠋型蛋糕組合

10 把鮮奶油加糖和檸檬皮末或伯爵茶葉打到7分發。（如果用茶葉，要先磨到粉碎）

11 蛋糕霜飾法與一般鮮奶油蛋糕相同。將蛋糕體橫剖，用鮮奶油做上記號。

12 抹上鮮奶油，放上伯爵茶凍。

13 再抹上鮮奶油，蓋上第二片伯爵蛋糕。

14 再抹上鮮奶油，疊上鳳梨蛋糕。

15 放切塊的鳳梨片，再抹鮮奶油。

16 放上第二片鳳梨蛋糕。

17 整個蛋糕外抹滿鮮奶油。

18 在蛋糕表面以圓口花嘴將鮮奶油擠出自然的垂直花樣，如同蠋淚一樣。

19 用水果和亞答仔裝飾即可。

周老師特別提醒

- 伯爵茶要泡得很濃，不然味道不明顯。
- 鳳梨片可以用罐頭的，若是不怕酸就用新鮮鳳梨。
- 用亞答仔裝飾，外形像晶瑩美麗的蠋淚，也與伯爵茶的柑橘味和鳳梨的熱帶風很搭。

超軟
杯子蛋糕

分蛋蛋糕很少用紙烤杯烤焙，因為分蛋蛋糕要黏著模壁才能維持其體積，用紙烤杯烤，即使黏著，蛋糕也會收縮，帶著紙烤杯一起變形，表面自然也會隨之塌陷。

不過近年來用紙烤杯烤的分蛋蛋糕卻非常流行，且使用高蛋量低麵粉的配方，外表相當皺縮，但因為柔軟可口，一旦受到歡迎，也就沒有人會再介意它皺縮的外表。

這種蛋糕單吃就很美味，填入鮮奶油及布丁綜合餡也很好，冷藏後像冰淇淋餡一樣可口。

材料

A
- 蛋黃······102克（6個）
- 鹽······1/4小匙
- 沙拉油······40克
- 牛奶······40克
- 天然香草精······少許
- 低筋麵粉······50克

B
- 蛋白······210克（6個大的）
- 細白砂糖······105克

內餡（參考145／146頁）
鮮奶油······200克
香草奶油布丁餡······200克

模型
紙烤杯14個（容量160c.c.）

烤焙
175℃／中層／15分鐘

做法

1 烤箱預熱。參考48頁將材料A拌勻，材料B打發成硬性發泡的蛋白霜。

2 把蛋黃和蛋白兩者輕輕拌勻。

3　成為麵糊。

4　平均裝在小紙烤杯裡，每個約36克。

5　輕輕敲一敲，排在烤盤上。

6　放烤箱中層，烤約15分鐘即可出爐。

7　放涼。

8　鮮奶油打發，加入香草奶油布丁餡。

9　拌勻。

10　擠花袋內放入擠餡用的長管花嘴，將鮮奶油布丁綜合餡裝入。

11　擠進蛋糕裡，每個大約擠入28克（擠到蛋糕表面稍微上漲，餡也冒了一點出來就差不多了）。

12　篩上糖粉，冷藏更美味可口。

周老師特別提醒

只要是紙烤杯都可以做這種蛋糕，換算其容量就知道1杯需要多少麵糊，但不要忘記打好的麵糊不會有全部材料相加那麼多，通常有6～7%會損耗掉。

Coco蛋糕

我的朋友Coco綜合了香蕉和巧克力,做成這個蛋糕。風味濃厚,微苦不甜而且溼潤,大受親友們喜愛,感謝她與我們分享這配方。

巧克力用自己喜歡的口味即可,若用苦甜巧克力是成人的風味,用牛奶巧克力更受小朋友歡迎。不必用高融點巧克力,也不必用做餅乾的小粒水滴巧克力,讓大顆大顆的巧克力融化在蛋糕裡,是這個蛋糕的特色。

我用義大利水果麵包(Panettone)的烤模來烤這蛋糕,外型很別緻,但是模底要墊烤盤紙,模壁也要塗一點油才能脫模。分蛋蛋糕的模壁塗油,倒扣時容易自動脫模而縮小,所以這個蛋糕烤好不用倒扣——或許是因為Panettone烤模的質地太厚實,這蛋糕不倒扣似乎也不會嚴重塌陷。

材料

- 熟透的香蕉(淨重)······200克
- 巧克力······100克

- 蛋黃······68克(4個)
- 液體油······60克
- 水······120克
- 鹽······1/4小匙
- 低筋麵粉······135克
- 可可粉······45克

- 蛋白······165克(5個)
- 細白砂糖······110克

烤模

Panettone模2個
(每個容量1400.c.c.)

烤焙

185℃ / 下層 / 35分鐘

做法

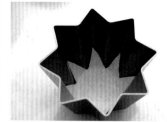

1 烤箱預熱。模型底部墊紙、四周刷上薄薄的油。

2 香蕉搗成泥。巧克力切1公分以上的丁。

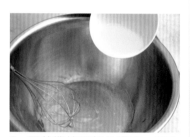

3 蛋黃攪拌至顏色變淺,加入混合好的液體油、鹽。

4 香蕉用粗網過濾。

5 直接加入蛋黃鍋中。

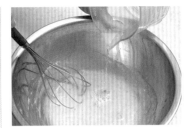

6　再加入水。

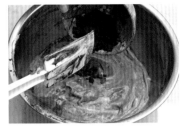

11　加巧克力丁輕輕拌一下。

16　脫膜。

7　篩入麵粉和可可粉。

12　刮入模型。

17　撕下底部墊紙。

8　攪拌均勻。

13　平整表面後敲出大氣泡。

周老師特別提醒

● 如果蛋糕不能自動脫膜，可以用手將之剝下，或者用薄的塑膠尺割開邊緣再脫模，不能用利刀割，以免傷害這種烤模。

● 如果用一般活動烤模，烘焙溫度只要175℃即可，時間不變。

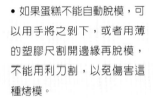

14　放烤箱下層，烤35分鐘。

9　參考48頁將蛋白加糖打到硬性發泡的蛋白霜。取1/2加入蛋黃鍋中混合。

15　用薄的塑膠尺割開邊緣。

10　再整個倒回蛋白鍋中混合均勻。

膠凍
布丁蛋糕

胡蘿蔔
果醬捲

耶誕樹幹
蛋糕

超軟
黑森林蛋糕

膠凍
布丁蛋糕

用明膠做的膠凍布丁一定要冷食，放在室溫中太久就會融化。

材料
9吋分蛋蛋糕……1個

焦糖凍
焦糖……50克
水……50克
可可粉……半小匙
吉利T……1小匙

膠凍布丁
牛奶……800克
明膠片……8片（約20克）
細白砂糖……60克
焦糖……20克
天然香草……少許
蛋黃……3個

模型
攜帶式有蓋小杯10個（直徑7.5公分，高4公分，容量150c.c.）

周老師特別提醒

- 這篇食譜使用兩種膠質，是因為明膠倒入紙杯後不太容易脫模，所以焦糖凍使用好脫模的吉利T來製作。如果不是用紙杯，而是一般的金屬布丁杯，就可以用明膠，約1片即可。

- 明膠布丁冷藏越久，凝結得越結實，照片上的布丁只冷藏了3～4小時，所以扣出後因為很軟而變圓胖了。如果冷藏一整天，扣出後比較能保持形狀。

做法

1　蛋糕橫剖半，厚約4公分。

2　用印模印成和杯子一樣大小的圓形。

3　先煮焦糖凍：全部材料攪拌均勻（吉利T容易結塊，要用打蛋器仔細攪拌）。

4　小火煮沸，平均倒入小杯中，很快就會凝結。

5　再煮布丁：把牛奶煮到將沸，熄火。明膠片剪碎，加入攪拌到融化。

6　把其它材料依序加入拌勻，趁微溫時舀在焦糖凍上（否則凝固後容易分離），每杯約80克，冷藏至完全凝結。

7　把最後5克布丁液舀在上面，把蛋糕放上去（這些布丁液的作用是黏住蛋糕）。蓋好。

8　冷藏至少24小時。

9　割開邊緣，反過來把蛋糕朝下放入杯中。

胡蘿蔔果醬捲

材料　2條

蛋黃部分

- 蛋黃‥‥‥85克（5個）
- 鹽‥‥‥1/4小匙
- 沙拉油‥‥‥30克
- 胡蘿蔔原汁‥‥‥80克
- 低筋麵粉‥‥‥100克

蛋白部份

- 蛋白‥‥‥198克（6個）
- 細白砂糖‥‥‥132克

- 柳橙果醬‥‥‥適量
- 椰子粉‥‥‥適量

模型

烤盤1個

（長約41公分×寬約35公分）

烤焙

175℃ / 中層 / 25分鐘

做法

1　胡蘿蔔以食物料理機打碎。

2　再用紗布包好，擠出汁來，秤好80克備用。（也可使用榨汁機取汁）。烤箱預熱。烤盤墊烤盤布。

3　蛋黃加鹽攪拌，再依序把沙拉油和胡蘿蔔汁加入拌勻。

4　麵粉篩入。

5　攪拌均勻。

6　蛋白打起泡，分3次把糖加入，打到硬性發泡。把1/3蛋白霜加入蛋黃鍋拌勻。

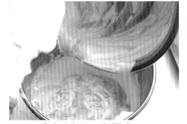

7 再全部倒回蛋白霜中。

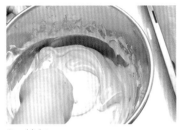

8 拌勻。

9 倒入烤盤裡。

10 刮平表面。

11 輕敲出大氣泡。放烤箱中層烤約25分鐘，烤到表面呈漂亮的棕色，用手輕按沒有浮動感即可。

12 出爐，把邊緣黏著烤盤和烤盤布處割開。放涼，倒扣在另一張烤盤布上。

13 撕掉墊底的烤盤布。

14 再翻面，變成棕色面朝上。

15 切成兩份。切去四周較硬的邊。

16 抹一點柳橙果醬。

17 捲起來。

18 表面也抹一點果醬。

19 沾滿椰子粉。

20 切成小段享用。

周老師特別提醒

烤蛋糕捲應該烤到底部不太著色，這個蛋糕尤其如此，若是著色，塗果醬沾椰子粉也遮不住，就失去胡蘿蔔的粉橘色美感了。

耶誕樹幹蛋糕

這個蛋糕外表很有特色，不像一般耶誕樹幹蛋糕是橫躺的，而是直立的，但它的做法卻非常簡單，唯一要注意的就是巧克力的軟硬度調節，因為它要靠巧克力的硬度才能站立，所以巧克力不能選用融點太低的，有些巧克力融點低到20℃，在室溫下就非常軟，蛋糕就無法站立。

但如果天氣寒冷，或者蛋糕冷藏冰涼了才吃，選用融點太高的巧克力就會變得很硬。這時可以在它融化後加點牛奶或咖啡攪拌，變成稍軟質的巧克力再使用；不然就是盡量減少用量，只薄薄地刷在蛋糕上。

材料

基本分蛋蛋糕麵糊‧‧‧‧‧1份
　（參考47頁）
焦糖巧克力‧‧‧‧‧‧200克

模型

烤盤1個
（長約41公分×寬約35公分）

烤焙

180℃／中層／15分鐘。

做法

1　烤箱預熱。烤盤鋪烤盤布。

2　打好麵糊，倒在烤盤裡，刮平。

3　放烤箱中層，烤15分鐘即可。

4　出爐，放涼。熱天時要包好冷藏到冰涼。

5　把焦糖巧克力隔水加溫到融化，放涼。

6　抹巧克力，把蛋糕切成2長條，並修邊。

7　兩條連接著捲成粗又短的捲子。

8　用烤盤布或紙捲起，冷藏到巧克力硬化。

9　邊緣修掉。

10 切成一大一小兩段。

10 直著組合在容器上，把剩下還沒凝固的巧克力抹在外圍。

11 刮成自然的樹皮紋路。

12 再冷藏至完全凝結。可用耶誕小飾品裝飾。

周老師特別提醒

• 焦糖巧克力味道香甜，如果買不到，可用自己喜歡的牛奶巧克力代替。喜歡用苦甜巧克力當然也可以

• 一般說來，同個牌子的巧克力，以白巧克力融點最低，牛奶巧克力次之，苦甜巧克力融點最高，也就是說最硬。

超軟
黑森林蛋糕

這是最溼潤的蛋糕配方之一，溼軟到扣出來的蛋糕完全無法移動，入口後幾乎分辨不出哪些是蛋糕哪些是鮮奶油，也因此它不算膨鬆，密度比較大。

因為麵粉太少，麵糊稀到難與蛋白拌合，所以先把麵粉和水份拌勻煮成糊狀，這種方法和中式的燙麵麵食有類似的用意。

材料

- 牛奶‥‥‥‥100克
- 低筋麵粉‥‥‥‥12克
- 苦甜巧克力‥‥‥‥48克
- 蛋黃‥‥‥‥34克（2個）
- 蛋白‥‥‥‥116克（3個半）
- 細白砂糖‥‥‥‥58克

夾餡裝飾

無糖鮮奶油‥‥‥‥200克
細白砂糖‥‥‥‥20克
白蘭地櫻桃‥‥‥‥100克
黑巧克力晶片‥‥‥‥適量
巧克力刨花‥‥‥‥適量

模型

6吋活動圓模2個（模內徑15公分，內高6公分多，容量約1089c.c.）

烤焙

160℃／下層／30分鐘

做法

1　烤箱預熱。

2　把麵粉篩進牛奶裡，攪拌均勻，然後邊攪拌邊煮到濃稠，熄火。小心不要燒焦。

3　巧克力趁熱加入，攪拌到融化。放涼。

4　蛋黃一個一個加入拌勻。

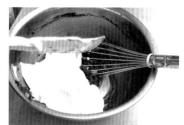

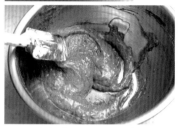

5　蛋白打起泡，再加糖打到硬性發泡，和蛋黃巧克力糊一起輕輕拌勻。

6　平均倒入兩個模子裡，放入烤箱中下層烤30分鐘。

7　出爐放涼後脫模。

8　因為蛋糕太軟，脫模後就無法再移動，所以若要扣在轉台上做裝飾，記得先墊個紙盤。

9　鮮奶油加糖打到7分發，抹在一個蛋糕上，排列白蘭地櫻桃。

10 再抹些鮮奶油，把另一個蛋糕蓋上。

11 整個抹滿鮮奶油，撒巧克力晶片。

12 如果沒有晶片就用刨水果皮的刨刀把塊狀巧克力刨成捲撒上去。冰涼後更美味。

周老師特別提醒

● 這只是一個6吋蛋糕配方，卻要分裝在兩個6吋模子裡烤，因為烤得越厚越容易塌陷，而且這蛋糕很難橫剖。

● 白蘭地櫻桃可以買到現成的，是以白蘭地醃漬整粒酸櫻桃而成；但也可以把新鮮櫻桃切半，浸泡白蘭地，數天即可使用。

● 一般黑森林蛋糕切開後要刷kirsch酒糖液，本配方因為非常濕潤，所以省略這步驟。

無發粉
格子鬆餅**及**
藍莓鬆餅

在台灣，Pancake和Waffle常被混為一談，都叫鬆餅，其實做法和口感都不相同。Waffle裡的蛋白需要不加糖單獨打發，不加糖打的蛋白不堅實，所以Waffle的口感與Pancake或蛋糕都不同，不很鬆軟，而是爽脆又有咬勁。

因為Waffle都用格子狀鬆餅機烤成，所以我稱它為格子鬆餅。鬆餅機有很多種形狀和厚薄，我比較喜歡厚的，但方而薄的機型也有個好處：Waffle做起來有點麻煩，卻適合熱食，如果一次多烤些方而薄的Waffle，包好冷藏，早上壓進烤麵機烤一下，就是方便可口的早餐。

選購鬆餅機除了考慮形狀和厚薄以外，還要打聽火力是否均勻，有些鬆餅機烤出來總是一邊黑一邊白。

材料 10個

- 蛋黃……3個
- 細白砂糖……75克
- 鹽……1/4小匙
- 融化奶油……2大匙
- 牛奶……180克
- 香草精……1/4小匙
- 低筋麵粉……180克

蛋白……3個

新鮮藍莓……適量
鬆軟白乳酪……適量
（參考148頁）

做法

1 鬆餅機開機預熱。

2 蛋黃加其它材料一一攪拌，成為均勻的麵糊。

3 蛋白打到硬性發泡，尖峰不下垂。

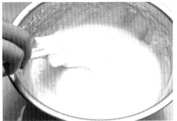

4 兩者輕輕拌勻。

5 在鬆餅機內面塗點奶油防黏（份量外），再把麵糊倒入，一個約55克。

6 烘烤至兩面都金黃香脆即可。

7 倒入麵糊後撒上藍莓，就成了藍莓鬆餅，加上白乳酪更美味。

周老師特別提醒

• 每種機器需要的麵糊量都不同，初次使用必需試烤一次才知道用多少最好。家用鬆餅機常會烤出缺一角的格子鬆餅，因為不像營業用的鬆餅機可以反覆翻轉，這不是大問題，不需介意。

• 鬆餅麵糊上除了可以撒藍莓外，也可以放香蕉片、杏仁片、紅豆、巧克力豆等一起烤，做出多彩多姿的格子鬆餅，但如果溢出沾黏，一定要擦乾淨才能繼續再烤。

天 使 蛋 糕————

基本天使蛋糕

只用蛋白，不用蛋黃的輕蛋糕，因為內部顏色雪白，稱為天使蛋糕。天使蛋糕如果不加牛奶，或只用脫脂牛奶，就完全不含油脂，當然也不含膽固醇，對於油脂攝取量過多的現代人來說，可算是比較健康的蛋糕。

更可貴的是，天使蛋糕非常可口又有彈性，而且因為沒有油脂不易消泡，所以失敗率不高。天使蛋糕的水份含量非常有彈性，不加水份的很有咬感，甚至類似甜麵包；水份多的溼潤柔軟，入口即化。

做天使蛋糕比較讓人困擾的是只用到蛋白，不過很多材料行或蛋行有瓶裝蛋白可買，相當方便。但是如果只要做一兩個天使蛋糕，買一瓶蛋白又太多，所以我平時若做些只用到蛋黃的餐點，就把剩下的蛋白裝在密封盒裡冷凍起來，累積了好幾個，拿出來解凍，就可以做天使蛋糕——當然要注意蛋白不可受到任何污染。

材料

- 蛋白⋯⋯198克（6個）
- 鹽⋯⋯1/6小匙
- 細白砂糖⋯⋯99克
- 檸檬汁⋯⋯1大匙
- 水⋯⋯1大匙
- 檸檬皮末⋯⋯1小匙

低筋麵粉⋯⋯80克

模型

8吋環形模1個
（內徑21公分，容量1730c.c.）

烤焙

165℃ / 下層 / 30分鐘

做法

1 烤箱預熱。將檸檬磨下皮末。

2 加檸檬汁、水和檸檬皮末拌一下備用。

蛋白打發

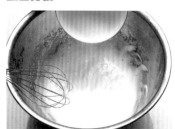

3 蛋白加鹽打起泡,分數次加糖,參考48頁蛋白打發,將蛋白打到溼性發泡(接近硬性發泡,只是尖峰有些下垂)。

混合材料

4 把麵粉篩入。

5 輕輕拌勻。

6 加入液體,先用打蛋器略拌合,再改用橡皮刀從盆底刮起,檢查是否有液體殘留。

入模烘烤

7 刮入模型中。

8 拿筷子伸到模底攪幾圈,以免底部因為覆入空氣而產生大洞。

9 反覆敲一敲,把大氣泡敲出來。

10 用橡皮刀平整表面。放到烤箱最下層,烤30分鐘。用手指輕按,沒有浮動感就是熟了。

脫模

11 取出倒扣冷卻。用手將蛋糕沿著模型輕壓至脫離。

12 用手輕輕把蛋糕從模裡剝出來。或用小刀沿邊緣劃開,再拿著模型用力往桌上敲,就可脫模。

比 重 與 耗 損					
材料生重	409克	蛋糕熟重	348克	耗損率	15%
		蛋糕體積	1703立方公分	蛋糕比重	0.204

天使蛋糕常見Q&A

Q:為什麼需要檸檬汁?

A:平衡蛋白的鹼性

天使蛋糕因為含大量鹼性的蛋白,烤好常有鹼味,顏色也會發黃而不純白,所以配方裡一定要有酸性材料。一般是用塔塔粉,因為本書不用添加物,所以用檸檬汁,再加檬檬皮末以增香味。檸檬汁是液體,在打蛋白時加入,偶而會造成無法打發,最好等蛋白打好再加入。

Q:天使蛋糕的製作重點

A:重點一、蛋白打發

製作天使蛋糕的重要步驟是打蛋白和拌入麵粉。蛋白只要不沾到油脂、蛋黃和水份,加適量的糖,就可以打的很好;因為天使蛋糕配方偏韌性,所以打到溼性發泡就夠了,以免口感更韌;加水份和麵粉拌合時,注意要拌勻而不過度攪拌。

重點二、避免入模有大氣泡

天使蛋糕的麵糊非常輕,非常沒有流動性,入模時很容易覆入空氣而造成大氣泡,即使反覆攪動底部、用力敲,還是難以避免。如果不嫌麻煩,可以把麵糊裝在擠花袋裡,緊貼著模壁擠入模子,大氣泡就會少一點。

重點三、控制爐溫

天使蛋糕含大量打發的蛋白,所以很容易烤到表面破裂,這是無妨,但如果破裂嚴重,甚至像發糕一樣開花,就要再降底烤溫,並往下層放,有氣門的話打開氣門,把破裂控制在能夠接受的範圍裡。

DVD

蜜餞小天使

材料

果乾蜜餞‧‧‧‧‧120克

[蛋白‧‧‧‧‧198克(6個)
  鹽‧‧‧‧‧1/6小匙
  細白砂糖‧‧‧‧‧99克]

[檸檬汁‧‧‧‧‧1大匙
  水‧‧‧‧‧1大匙
  檸檬皮末‧‧‧‧‧1小匙(可省略)]

低筋麵粉‧‧‧‧‧80克

模型

小環形模8個

(直徑8.5公分,容量150c.c.)

烤焙

180℃ / 中上層 / 12分鐘

做法

1　蜜餞切成小丁。烤箱預熱。

2　蛋白參考48頁,加鹽打起泡,再分數次加糖,打到溼性發泡。

3　加檸檬汁、水和檸檬皮末拌一下。

4　把麵粉篩入,輕輕拌勻。

5　加蜜餞略拌一下。

6　平均舀入模型裡。

7　用筷子攪一下底,以免下方有空洞,再敲一敲。

8　表面刮平。

9　放入烤箱中上層,烤12分鐘。

10　取出倒扣冷卻。

11　用小刀劃開邊緣,並把蛋糕從模裡挑出。

周老師特別提醒

果乾蜜餞只要選自己喜歡的即可,例如葡萄、白葡萄、藍莓、草莓、芒果、杏桃、蘋果、椰棗、蔓越莓乾等。如果用核果類代替果乾,風味不同,但也相當可口,不過核果類比較輕,用量可以略減。

白蘋果
小天使

材料

- 蛋白……198克(6個)
- 鹽……1/6小匙
- 細白砂糖……100克

- 蘋果泥……2大匙
- 低筋麵粉……80克

- 蘋果泥……150克
- 細白砂糖……50克
- 防潮糖粉……適量

模型

強化玻璃飯碗6個
(1個容量240c.c.)

烤焙

185℃ / 中下層 / 18分鐘

做法

1 烤箱預熱。

2 蛋白參考48頁,加鹽打起泡, 再分數次加糖,打到溼性發泡(接近硬性發泡)。

3 加蘋果泥拌勻,把麵粉篩入, 輕輕拌勻。平均裝入碗裡。

4 用筷子攪一下底以免下方有空洞。反覆輕敲,表面刮平。

5 放入烤箱中下層,烤18分鐘。

6 取出倒扣冷卻。

7 可以用手剝出或小刀把蛋糕從模裡劃開取出。

8 蘋果泥加糖,用小火煮10分鐘,直到水份快要收乾,成為蘋果醬。

9 放涼,平均夾在3組蛋糕裡。

10 把蛋糕放在盤上,篩滿防潮糖粉。

11 用吸管和塑膠葉子做裝飾。

周老師特別提醒

- 蘋果泥就是蘋果用果汁機打碎。

- 如果煮蘋果醬不加糖,雖然甜度低較合口,但就很難煮到黏稠,可以加入少許玉米粉水勾芡。

- 塑膠葉子是日式料理或點心常用的裝飾品,食品材料行有售,如果太大就剪小一點。若有新鮮蘋果葉可裝飾,當然更完美。

荔枝果凍
天使蛋糕

材料

- 蛋白⋯⋯99克（3個）
- 細白砂糖⋯⋯50克
- 荔枝水⋯⋯1大匙
- 鹽⋯⋯1/8匙
- 低筋麵粉⋯⋯60克
- 無糖鮮奶油⋯⋯150克

荔枝果凍

- 吉利T⋯⋯30克
- 荔枝水⋯⋯180克
- 荔枝肉⋯⋯100克
- 紅醋栗⋯⋯適量

模型

烤盤1個

（長約41公分×寬約35公分）

烤焙

170℃／下層／12分鐘。

做法

天使蛋糕

1　用普通紙張畫一個愛心形狀，大小約可以放在半個烤盤裡。

2　放在烤盤上，蓋張烤盤布。

3　烤箱預熱。

4　蛋白打起泡，再分數次加糖，打到溼性發泡（接近硬性發泡）參考48頁。

5　加荔枝水和鹽拌勻。

6　把麵粉篩入，輕輕拌勻。

7　擠花袋裡裝大圓嘴，把麵糊裝入袋中。

8 在烤盤布上照著紙樣擠出兩個愛心環，大約用掉一半的麵糊。

9 放入烤箱下層，烤約12分鐘，直到輕按表面覺得結實即可。

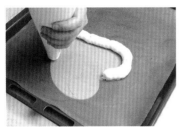

10 同時再擠一個滿的愛心，把所有麵糊用掉。

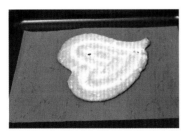

11 同法烤熟。

12 鮮奶油不加糖打到7分發。

13 等3個蛋糕略涼，就疊起來，塗滿打發的鮮奶油。

14 沾成自然的表面，中間留愛心形的凹洞，冷藏備用。這種蛋糕體容易吸水變黏，所以不要放置太久才霜飾。

荔枝果凍

15 把吉利T撒在荔枝水上，用打蛋器攪拌均勻。吉利T沒有加糖乾拌過就加液體攪拌，有時會有顆粒，萬一顆粒攪不散，就用濾網過濾一次。

16 小火煮沸。

17 加荔枝肉拌勻。

18 等快凝結了再舀到愛心蛋糕中間，冷藏到凝結。

19 舀到蛋糕裡時，先把荔枝肉舀完，剩下一些果汁凍，放在小的平底模型冷藏到凍結。

20 用挖球器挖成荔枝果凍球，放在蛋糕上做裝飾，也可以再加些色彩鮮艷的水果，例如紅醋栗。

周老師特別提醒

● 做這個蛋糕不需要模型，除了愛心形以外，也可以任意創作形狀，不過太複雜的形狀很難表現出來。

● 荔枝水是用荔枝果肉壓榨出的汁液。如果把荔枝果肉冷凍再解凍，也會滲出大量荔枝水，就可以省去壓榨的工夫。

● 荔枝水很香，做果凍非常美味。不過荔枝水雖然非常甜美，酸性其實也很重，所以荔枝果凍用的膠粉份量不能太少，因為酸性會破壞膠質的凝結力。

玫瑰薰衣草蛋糕

材料

乾薰衣草花‧‧‧‧‧5克

滾水‧‧‧‧‧100c.c.

玫瑰果泥‧‧‧‧‧30克

低筋麵粉‧‧‧‧‧50克

蛋白‧‧‧‧‧66克（2個）

鹽‧‧‧‧‧1/8匙

細白砂糖‧‧‧‧‧44克

玫瑰薰衣草糖霜‧‧‧‧‧120克

（參考144頁）

模型

心型活動模1個

（內長14公分，寬12公分，高5公
分，容量740c.c.）

烤焙

175℃ / 中下層 / 20分鐘

做法

1 烤箱預熱。薰衣草與滾水浸
泡，待涼瀝出薰衣草水約30克，
和玫瑰果泥拌一下。

2 把麵粉篩入。

3 輕輕拌勻。

4 蛋白參考48頁，加鹽打起泡，再分數次加糖，打到溼性發泡（接近硬性發泡）。

5 加入3混合。

6 拌勻成均質的麵糊。

7 刮入模型中。

8 攪一下底以免下方有空洞。再敲一敲。放入烤箱中下層，烤20分鐘。

9 取出倒扣到完全冷卻再脫模。

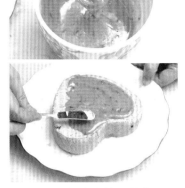

10 用玫瑰薰衣草糖霜裝飾。照片上的蛋糕還撒了乾燥玫瑰花和新鮮薰衣草花。

周老師特別提醒

● 玫瑰果（rose hip）是玫瑰的果實，如紅色珠玉般圓潤美麗，而且富含維生素C，可做果醬、花果茶等用途，可惜台灣很難買到新鮮或冷凍的，只有在花果茶店可買到乾燥品，不過用冷凍蔓越莓（cranberry）代替是個更方便的法子，色香味也不錯。花果茶店也有售薰衣草花，要選品質良好的，沖泡的濃，才夠香。

● 玫瑰薰衣草糖霜色彩光澤都很美，又可以不必冷藏，但是很甜，若不能接受，可以改用鮮奶油裝飾，鮮奶油打發後也可以拌入少量薰衣草水和玫瑰果泥。

百香果
天使蛋糕

鮮艷美麗的水果比任何複雜費工的蛋糕裝飾更具吸引力，卻能輕易做到，只要買到水果，恰當地放在蛋糕上就成了。像草莓、奇異果、水蜜桃、哈蜜瓜、香檳葡萄等，都是可口又美觀的蛋糕裝飾。

但是好勝的烘焙者不會以此為滿足，總是不斷追求更珍奇的裝飾水果，藍莓、黑莓、覆盆子、無花果、紅白黑三種醋栗 (currant)、果殼蕃茄 (physalis，

名字很多，現在常譯做妃莎莉) ⋯等，一一成為蛋糕上的新寵。

拜日益進步的冷凍運輸技術之賜，現在每個人都能利用這些千里而來的美果為自己的蛋糕增添光采。

材料

- 蛋白⋯⋯231克（7個）
- 鹽⋯⋯1/4小匙
- 細白砂糖⋯⋯110克

- 百香果肉⋯⋯80克（約4個）
- 水⋯⋯40克

低筋麵粉⋯⋯120克

- 打發的鮮奶油⋯⋯200克
- 百香果肉⋯⋯40克（約2個）
- 細白砂糖⋯⋯20克

模型

9吋空心活動圓模1個（模內徑22公分，內高8公分，容量約2300c.c.）

烤焙

170℃ / 下層 / 30分鐘

做法

1 烤箱預熱。

2 參考48頁將蛋白加鹽打起泡，再分數次加糖，打到硬性發泡。

3 把百香果肉和水拌勻，倒入蛋白中輕拌一下。

4 把麵粉篩入，輕輕拌勻。刮入模型中。

5 用筷子攪一下，以免底部有大空洞。反覆敲一敲。

6 放入烤箱下層，烤30分鐘。

7 取出倒扣冷卻再脫模。

8 把上方修剪成圓角（只是為了增加變化，也可以不修剪）。

9 抹滿打發的鮮奶油。（鮮奶油可以加10%以內的糖打發，或不加糖亦可。）

10 把40克百香果肉加20克糖煮沸，過濾出純淨的果漿。

11 用毛刷把果漿刷在蛋糕上做裝飾，注意毛刷要用全新的或矽膠的，比較衛生。

12 在蛋糕上放個切開的百香果，還可以另加些色彩鮮艷的水果做裝飾。

周老師特別提醒

蛋糕上的果凍球是利用剩下的果漿，加等量的水和少許吉利T粉攪拌煮沸，再凝結成果凍，用挖球器挖成。

橘子優格
冰蛋糕

材料

明膠片……2片

優格……125克

橘子汁……1大匙

橘子皮末……1小匙

鹽……1/8小匙

低筋麵粉……60克

蛋白……99克(3個)

細白砂糖……66克

模型

花型烤模1個

(內直徑19.5公分,容量900c.c.)

烤焙

180℃ / 中下層 / 25分鐘

做法

1 烤箱預熱。模型抹少許奶油或沙拉油防黏。

2 把明膠片剪小片一點,泡水浸一下,瀝去多餘的水份。

3 隔水加熱到融化,或微波融化。

4 把優格、橘子汁、橘子皮末、鹽攪拌均勻,加明膠液拌勻。

5 把麵粉篩入拌勻。

6 蛋白參考48頁,分數次加糖,打到硬性發泡。

7 把優格糊和蛋白霜輕輕拌勻,刮入模型中。

8 反覆敲一敲。

9 並以橡皮刀伸入底部確認麵糊貼底,沒有大氣泡。

10 放入烤箱中下層,烤25分鐘左右,用探針刺入中間,不沾生麵糊即可。

11 取出,放稍涼後送進冰箱冷藏數小時,再取出脫模。

12 可以少許打發的鮮奶油(參考146頁)和橘子罐頭等水果裝飾即可。

周老師特別提醒

• 這個蛋糕的特色,是優格和橘子的爽口酸味,和明膠冰涼後產生的特殊口感,所以要徹底冰透了再食用,才能品嚐到真正的「冰蛋糕」。

• 因為明膠容易黏模,所以模壁可以抹油防黏。

椰香超軟
天使蛋糕

材料

- 蛋白⋯⋯231克（7個）
- 鹽⋯⋯1/4小匙
- 細白砂糖⋯⋯110克
- 低筋麵粉⋯⋯132克
- 椰奶⋯⋯200克

檸檬汁⋯⋯半大匙

模型

9吋活動圓模1個（模內直徑23公分，內高7公分，容量約2761c.c.）

烤焙

165℃ / 下層 / 40分鐘

做法

1　烤箱預熱。

2　蛋白打起泡，再分數次加糖，打到硬性發泡。（因為這是高水量的超軟配方，所以蛋白要打到硬性發泡。）

3　把麵粉篩入椰奶中，輕輕拌勻。

4　加一半蛋白糊和檸檬汁，輕輕拌勻。

5　再倒入另一半蛋白糊中拌勻。

6　刮入模型中。

7　敲一敲把大氣泡震破。

8　放入烤箱下層，烤40分鐘。用手指輕按，有彈性而沒有浮動感就是熟了。

9　取出倒扣到完全冷卻再脫模。

10 可以用鮮奶油簡單霜飾，也可以直接分切食用。

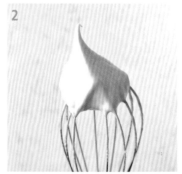

三層
結婚蛋糕

為姊妹、朋友或女兒親手製作結婚蛋糕，似乎是可望不可及的夢想，不過現在各種烘焙用具非常齊全，只要花點心思，即使如此美麗的三層結婚蛋糕，也可以順利完成。

椰香天使非常適合溫馨優雅的小型婚禮，但這三層蛋糕當然可以分別做成不同口味，例如把椰奶改成牛奶，加些天然香草，就是香草蛋糕；改成柳橙汁，加些柳橙皮末，就是香橙蛋糕。

鮮奶油雖然需要冷藏保鮮，但除非場地很熱，冷藏過的鮮奶油蛋糕可以保鮮3小時不會有問題，足以撐過整個典禮。雖然有很多其它霜飾不需要冷藏，但味道比鮮奶油差多了，對講究美食的我們來說，只是漂亮卻不可口的蛋糕，很難得到肯定。

不過有些鮮奶油很難處理，打發困難甚至會油水分離，擠花時融化滴落，這些平時試用還好，製作結婚蛋糕時實在無法分心去伺候它。很多人會在特殊的場合選用特殊稀有的材料，或別人推薦的高級品牌，雖然是為了表達誠意，但太冒險。還是選擇自己用過的品牌裡最穩定、最好用、不易變質的，才能確保不出差錯。

準備工作

1 找到好用的蛋糕架。例如這種蛋糕層架,不需要組合蛋糕,只要把3個蛋糕各自做好放上去即可。

2 找到配合蛋糕架的蛋糕模型,這裡用到12吋、9吋、6吋活動圓模各一個。

3 12吋蛋糕可以切成28人份,9吋蛋糕可以切成16人份,6吋蛋糕可以切成8人份,總共是52人份。準備52人份的蛋糕盤和叉子。

4 找到分切結婚蛋糕的刀,包括一把好用的切刀,和一把蛋糕鏟綁上緞帶蝴蝶結,這是讓新人做勢切蛋糕用的。

5 確定婚禮場地有冰箱可以使用,也要借到大保鮮袋或保鮮盒,因為鮮奶油需要冷藏及運送。

6 花泉。切割成合適的3個小圓塊,直徑大約3吋、2吋、1吋,用包鮮花的塑膠紙包起來,用膠帶束好,只露出上方。

烘焙工作

1 前一天烤好3個椰香超軟天使蛋糕。9吋蛋糕配方如100頁,12吋蛋糕需要1.8倍的材料,6吋蛋糕只需要0.45倍的材料。如果烤箱放得下,9吋蛋糕和6吋蛋糕可以一起攪打一起烘烤,但6吋蛋糕要早5～10分鐘出爐。冷藏備用。

2 當天一早採購鮮花,插在加了水的花泉裡。

3 把鮮奶油打到7分發如果能把攪拌鋼帶到場地,現打現用是最好。這3個蛋糕最多需要3盒鮮奶油(3公升),但請保留半盒不要打發,因為鮮奶油放置後可能變得粗糙,加點末打發的液體鮮奶油一調就會恢復光滑。

4 打鮮奶油時記得加10%的糖,有助於保鮮。拌入天然香草、檸檬皮末或椰漿粉味道更香。裝入保鮮盒,冷藏備用。

5 準備好小刀、橡皮刀、抹刀或大刮板。準備好大型擠花袋和花嘴,這個蛋糕只用到一個很小的圓孔花嘴。

6 把以上物品和清潔用品運送到場地。至少提早3小時到場。

完成工作

1 蛋糕層架本身有3個底盤,先把大蛋糕脫模在最大底盤上。

2 抹滿鮮奶油,抹平。

3 用小圓孔花嘴擠彎曲線條。這種花樣是模仿禮服常有的花紋而來,而且容易擠又美觀大方。冷藏備用。

4 同法做好3個蛋糕。

5 典禮開始前把蛋糕取出,放在層架上,加上鮮花。

6 蛋糕刀和餐具放在周圍。

綿花糖
小蛋糕

天使蛋糕的彈性口感與棉花糖很像，若烤成小圓塊，也可以像棉花糖一樣烤著吃，或沾巧克力火鍋，非常有趣，宴會或烤肉會時拿出來，小朋友大朋友都會很驚喜。

材料

A
- 蛋白⋯⋯198克（6個）
- 鹽⋯⋯1/6小匙
- 細白砂糖⋯⋯120克

B
- 檸檬汁⋯⋯1大匙
- 檸檬皮末⋯⋯1小匙
- 低筋麵粉⋯⋯80克

模型

布丁杯18個（直徑6公分，高3公分，容量76c.c.）

烤焙

180℃ / 中層 / 12分鐘

做法

1　烤箱預熱。

2　參考48頁將蛋白加鹽打起泡，再分數次加糖，打到溼性發泡（接近硬性發泡，只是尖峰有些下垂），並混拌其他材料成為麵糊。

3　填入布丁杯，要裝滿。拿筷子伸到杯底攪幾圈，以免底部因為覆入空氣而產生大洞。

4　反覆敲一敲，把大氣泡敲出來。表面刮平。

5　放到烤箱中下層，烤15分鐘。用手指輕按，沒有浮動感就是熟了。

6　取出倒扣冷卻。

7　用小刀沿邊緣劃開，再拿著模型用力往桌上敲，就可脫模，也可以用手或小刀把蛋糕從模裡剝出來。

8　插上竹籤，在糖粉裡滾一滾，用蠟燭火烤出焦色。

9　也可以沾融化的巧克力食用。

周老師特別提醒

如果沒有這麼多布丁杯，也可以用紙烤杯代替。

無ＳＰ蛋糕───────

無SP蛋糕

關於SP

全蛋蛋糕的做法簡單，適合開店大量生產，但是很多消費者喜歡溼潤柔軟而低甜的蛋糕，全蛋蛋糕卻不能包含太多水份和油脂，也不能減少太多糖份，為了彌補這些缺點，就必需添加海棉蛋糕專用乳化劑（Sponge Cake Emulsifier），俗稱SP。

在攪打海棉蛋糕時，只要加入SP，就可以把除了油脂以外的全部材料一起攪打，攪拌機有多大，一次就可以打多少，很快就可以打到濃稠，再把油脂慢慢倒入拌勻，就可以進爐烤焙，如果一時不能進爐，也可以放置相當久而不會消泡。

這麼省工省事，就等於降低幾倍的成本，而其成品不但溼潤低甜，組織更是光滑細膩，沒有添加物的蛋糕如果不裝飾，絕對沒有這麼完美的賣相。

所以現在市售的蛋糕，包括各種中西點心麵食，幾乎沒有不含SP或類似添加物的，即使號稱「古早味」、「百年老店不變口味」也一樣。

在我做過的蛋糕裡，有很多種最受家人朋友喜愛的，也都有添加SP，這讓我一直心存疑慮，所以往往遠圈子回頭用分蛋法來做這些蛋糕，希望在不使用SP的限制下做出溼潤低甜的蛋糕。

以下各篇食譜，不排列在分蛋蛋糕裡而獨立成一系列，就是因為它們原本都是SP蛋糕，只是被我去掉SP，設法修改成分蛋做法。

修改的結果唯一讓人不夠滿意的是切面無法像SP蛋糕一樣細緻完美，風味則是一點也不遜色。做法當然比原先繁複，也無法大量製作，但我們為家人朋友親手做美食，當然不會斤斤計較花費的時間，也沒必要大量製作，因此我真的非常高興能與大家分享這種改變。

低甜蜂蜜蛋糕

在「古典蜂蜜蛋糕」裡提到，現在常見的蜂蜜蛋糕都添加了SP，比較溼潤而且甜度比古典蜂蜜蛋糕低；這篇就是在不加SP的條件下，用分蛋的方式做出溼潤低甜的美味蜂蜜蛋糕，唯一的差別是它的組織有孔洞，不如SP蛋糕那麼光滑細緻。

材料

- 蛋黃·····5個
- 融化奶油·····50克
- 蜂蜜·····50克
- 牛奶·····75克
- 鹽·····1/4小匙
- 低筋麵粉·····150克

- 蛋白·····5個
- 細白砂糖·····100克

模型

12兩土司模1個（底內長18.5公分×底內寬9.5公分）

烤焙

165℃／下層／45分鐘

做法

1 烤箱預熱。模型裡墊烤盤紙。

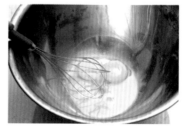

2 蛋黃加奶油用力攪拌均勻。

3　再加蜂蜜打到發白。

8　再倒回蛋白霜中輕輕拌勻。

12 繼續烤焙，總共烤45分鐘。取出放涼。

周老師特別提醒

- 密封包裝起來，放置2～3天再食用，使轉化糖吸收溼度，蛋糕會更軟潤可口。

- 這種蛋糕可以和「古典蜂蜜蛋糕」一樣，用木框烤焙，但材料要用1.5倍。其實土司模的底面積只有木框的1/3，但這裡用了接近2/3的材料，是為了烤出高高的蛋糕，也因此外形就不像一般蜂蜜蛋糕般平坦，而是中間隆起。

4　加牛奶和鹽拌勻。

9　倒入模子裡。

5　把麵粉篩入。

10 輕敲出大氣泡。

6　拌勻。

11 放入烤箱下層，先烤3分鐘。拉出烤盤，把麵糊攪拌一下，把大氣泡打掉。再烤3分鐘，再拖出攪拌，如此重覆攪拌3次。

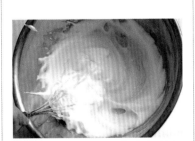

7　蛋白打起泡，分數次加糖打到硬性發泡（參考48頁）。取1/2蛋白霜加入蛋黃糊中拌勻。

蒙布朗蛋糕

蒙布朗Mont Blanc，是指法國有名的白朗峰，也是種有名的高貴甜點，用代表秋冬的栗子為主材料，再篩上糖粉，看來就像白朗峰上的積雪一樣。

以蒙布朗為原形，在蛋糕上擠栗子餡和奶油，也是很受歡迎的甜點。重點是選擇品質好的、灰褐色的栗子泥，副原料越少越好，也可以自己買乾栗子來蒸煮壓泥。日式的黃色栗子泥常摻有豆沙，嫩黃的顏色也是染的，很甜，風味也不道地。

材料 8個

分蛋輕奶油蛋糕(參考122頁
　酥皮小蛋糕)……半個
防潮糖粉……適量

蘭姆栗子餡

罐頭栗子泥……120克

奶油(室溫軟化)……25克

蘭姆酒……1小匙

鮮奶油栗子泥

罐頭栗子泥……250克

鮮奶油……100克

做法

1　把蛋糕切成2條,每條長約20
公分、寬約7公分。

2　120克栗子泥加奶油和蘭姆
酒,用食物攪拌機打勻。

3　放在擠花袋裡,在每條蛋糕
上擠4球。

4　250克栗子泥用食物攪拌機打
均勻,再把鮮奶油分數次加入,
攪勻成柔軟的泥狀。

5　馬鈴薯壓泥器裡墊上紙型。

6　裝入4的鮮奶油栗子泥。

7　在蛋糕上來回擠出細條。

8　切去兩側多餘的部分。

9　篩上防潮糖粉,每條可以分
切成4個蛋糕。

周老師特別提醒

• 食物攪拌機和馬鈴薯壓泥器
是做西餐常用的工具,其實
做中式餐點也很方便,所以
現在越來越普及了。

• 如果沒有食物攪拌機,因
為這種進口的罐頭栗子泥很
硬很紮實,得先用擀麵杖搗
碎,再加其它材料慢慢拌
勻,或用手提電動打蛋器攪
打均勻比較省力。

• 用馬鈴薯壓泥器擠表面的細
條狀鮮奶油栗子泥最方便,
但是一次會擠出太多,可以
在底部放張剪了洞的厚紙,
這樣就可以擠出適量的細條。

• 若是沒有馬鈴薯壓泥器,要
用擠花袋和小圓嘴來擠,鮮
奶油栗子泥得先過濾過,確
定沒有栗子顆粒才行。

馬鈴薯壓泥器

把煮熟的馬鈴薯切半,切
面朝下放在壓泥器裡,一
壓,薯泥就從孔洞出來,
皮留在裡面。在做蛋糕時
可以用來壓芋泥或地瓜
泥,也可以輕易壓出蒙布
朗上的細條狀栗子泥。

千層蛋糕和年輪蛋糕的做法類似，都是把麵糊一層疊一層地往上烤熟，小小的一塊裡，就有很多層烤成褐色的蛋糕皮，所以味道特別香。

要做不加SP的千層蜂蜜蛋糕，用傳統一層 一層的烤焙法有困難，因為麵糊不加SP不能放置太久，所以乾脆把蛋糕烤成一大片，再刷蜂蜜疊起來，簡便多了。

芒果奶凍
蛋糕
→p112

千層
蜂蜜蛋糕

材料

蛋黃⋯⋯4個
融化奶油⋯⋯40克
牛奶⋯⋯80克
鹽⋯⋯1/6小匙
低筋麵粉⋯⋯120克

蛋白⋯⋯4個
細白砂糖⋯⋯88克

蜂蜜⋯⋯40克
融化奶油⋯⋯適量

模型

烤盤1個

（長約41公分×寬約35公分）

烤焙

185℃ / 中上層 / 12分鐘。

做法

1　烤箱預熱。烤盤墊烤盤布。

2　蛋黃加奶油用力攪拌均勻。

3　加牛奶和鹽拌勻。把麵粉篩入拌勻。

4　蛋白加糖打到硬性發泡（參考48頁）。

5　兩者輕輕拌勻，倒入烤盤裡，刮平。

6　放入烤箱中上層，烤約14分鐘。

7　出爐，趁熱完成。

8　對切，刷蜂蜜疊起來；再對切，刷蜂蜜疊起來。共8層。

9　表面和側面刷上融化的奶油。

10　密封包起來放置兩天，使轉化糖吸收溼度，蛋糕會更柔潤可口。

周老師特別提醒

要注意蛋糕不可烤太過火，最好稍帶點溼黏，刷了蜂蜜後才容易黏住。完成後刷點奶油，增加香味和保溼性，然後再密封包裝起來。

芒果奶凍蛋糕

材料

芒果千層蛋糕⋯⋯半個

- 芒果泥⋯⋯200克
- 玉米粉⋯⋯30克
- 煉乳⋯⋯60克
- 芒果丁⋯⋯200克

- 吉利T⋯⋯1小匙
- 細白砂糖⋯⋯1小匙
- 芒果泥⋯⋯50克

模型

12兩土司模1個（底內長18.5公分×底內寬9.5公分）

做法

1 把芒果千層蛋糕切片，約1公分厚，排入模子裡。

2 把芒果泥、玉米粉和煉乳攪拌均勻，不要有顆粒。

3 煮沸成凝膠狀。

4 加芒果丁拌勻，熄火。

5 趁熱倒在模子裡，搖平。

6 再用切片的千層蛋糕蓋在上面，壓緊。

7 冷藏1～2小時，扣出。

8 把吉利T和砂糖乾拌勻，加芒果泥調勻。

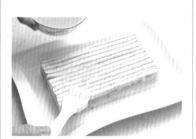

9 煮沸，厚厚刷在蛋糕表面。

周老師特別提醒

- 製作千層蜂蜜蛋糕（參考111頁）時，不用蜂蜜黏著蛋糕，而用芒果果醬代替，就是美味的芒果千層蛋糕。芒果果醬如果水份不多，就稍微加熱及攪拌，使之變稀，才容易塗抹在蛋糕上。
- 芒果肉打成泥就是芒果泥，盡量選用成熟的芒果才香，尤其是愛文芒果最好。

馬林
櫻桃蛋糕

據說戚風蛋糕是乳沫蛋糕和麵糊蛋糕的綜合體，蛋白部份算乳沫蛋糕，蛋黃部份算麵糊蛋糕，但若看現在的配方與做法，實在不像與麵糊蛋糕有任何關係。

這篇介紹的蛋糕，就真的綜合了乳沫類與麵糊類的做法——蛋黃部份是先把固體奶油加糖打發，再加蛋黃打到融合，符合戚風蛋糕的定義。

這種做法在黃白混合時要非常小心，蛋黃部份的溫度要控制得很好，不可太熱讓奶油融化，打入的氣體會釋出；也不可太冷變得濃硬，以致難以和蛋白部份拌合。

也許這樣細膩的控制太費事，所以現在的戚風蛋糕不再用這種做法，但它的確可以做出非常香濃美味又鬆軟的蛋糕，而且本配方使用真正的巧克力，味道更是醇厚，與市面上只加可可粉和小蘇打、鬆到會散碎的巧克力蛋糕，完全不可同日而語。

材料

蛋糕體

```
┌ 奶油……75克
└ 苦甜巧克力……75克
```

```
┌ 蛋黃……4個
│ 細白砂糖……20克
│ 鹽……1/4小匙
│ 牛奶……60克
└ 低筋麵粉……75克
```

```
┌ 蛋白……4個
└ 細白砂糖……88克
```

組合

```
┌ 苦甜巧克力……適量
└ 馬林……約8個
```

```
┌ 鮮櫻桃……30顆左右
│ 鮮奶油……150克
│ 細白砂糖……15克
└ 杏仁霜或杏仁露……少許
   （可省略）
```

白蘭地……2大匙

模型

9吋活動圓模1個（模內徑23公分，內高7公分，容量約2761c.c.）

烤焙

165℃／下層／45分鐘

做法

製作蛋糕體

1 烤箱預熱。巧克力隔水加熱到融化。

2 奶油加糖、鹽打發，再把巧克力加入拌勻。

3 蛋黃一個一個加入打勻。

4 加牛奶拌勻。

5 把麵粉篩入，輕輕拌勻。

6 蛋白打起泡，分數次加糖，打到硬性發泡。

7 和巧克力麵糊輕輕拌勻，不要過度攪拌。

8 刮入模子裡，敲一敲讓表面平坦。

9 放入烤箱下層，烤45分鐘，用手輕按有彈性，或用刺針插入中間不黏生料，即是烤熟。

組合

10 把苦甜巧克力隔水加溫融化。

11 馬林底部沾一層巧克力。

12 把櫻桃切半，去籽。鮮奶油加糖和杏仁霜打發。

13 把蛋糕切成四方形。

14 橫剖成兩片，兩片的內層都刷一點白蘭地。

16 把上片蓋回四週填入櫻桃。

17 表面抹上鮮奶油。

15 抹鮮奶油，把黑櫻桃排在上面，再抹點鮮奶油。

18 用馬林和櫻桃做裝飾。

周老師特別提醒

* 天氣寒冷時，蛋黃部分會因奶油和巧克力凝固而變得太濃稠，與蛋白部份拌合時容易使之消泡，解決之道是在拌合前放在溫水上保溫，但不能用太熱的水，以免奶油融化。

* 這類奶油含量高的分蛋蛋糕，出爐後可以不必倒扣，因為容易自動脫模，反而砸壞形狀。留在模中等冷卻後再脫模即可。

* 馬林沾了巧克力才放在鮮奶油上，不但色彩對比鮮明，而且不容易潮溼軟化。

* 要做這種方形蛋糕，可以一開始就用方模子烤，但圓蛋糕切下來的部份加上用剩的鮮奶油、櫻桃、馬林，又可以組裝成另一個蛋糕，一點也不會浪費。

馬林 meringue（蛋白糖霜）

材料

蛋白······33克（1個）
鹽······1/8小匙
細白砂糖······60克
糖粉······80克

做法

1 蛋白加鹽打起泡，再把砂糖分數次加入，高速打到結實的溼性發泡狀態（參考48頁）。

2 把糖粉過篩，加入拌勻，成為極為濃稠的糖膏。

3 擠花袋裝菊花嘴，把糖膏裝入。

4 擠在烤盤紙上，擠成喜歡的花樣。

5 放烤箱中層以120℃烤30～60分鐘，烤到手指輕壓覺得堅實即可。盡量勿使表面著色。

6 烤好，小心取下，放涼。密封保持乾燥可以存放數日，冷藏更久。

周老師特別提醒

* 擠馬林的菊花嘴要選花樣深的，擠出的紋路才會明顯。

* 馬林的烤焙溫度和時間有很大的彈性；溫度越高，馬林越容易上色，烤得越久，馬林就可以保存越久。所以檸檬派上的馬林通常高溫快烤以求上色，也可避免把派烤乾；而本篇這種裝飾用的馬林，甚至可以用低於100℃的溫度烤上數小時。

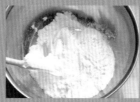

紋路明顯

DVD

檸檬巧克力小蛋糕

這是家父家母和很多同事朋友最喜歡的蛋糕，所以能夠不使用添加物成功做出來，真的讓我非常喜悅。它的奶油含量很高，所以雖列在「輕蛋糕」裡，卻不算輕，比重高達0.5，和麵糊類蛋糕差不多，但不像麵糊類蛋糕那麼粗糙，入口非常柔軟滑順，給人一種像享用巧克力一樣的滿足感。

因為它含有大量奶油卻沒有添加物SP，容易消泡，所以一次只能做15個；有加SP時我一次能做上一兩百個，可見SP有多方便，做生意的人實在不可能不用。

像這類奶油多的蛋糕，如果冰的太冷會有點硬，最好等回溫一點再享用。

材料

奶油‧‧‧‧‧100克	
蛋黃‧‧‧‧‧85克(5個)	
細白砂糖‧‧‧‧‧20克	
鹽‧‧‧‧‧1/4小匙	
牛奶‧‧‧‧‧60克	
低筋麵粉‧‧‧‧‧120克	
蛋白‧‧‧‧‧165克(5個)	
細白砂糖‧‧‧‧‧110克	
白巧克力‧‧‧‧‧200克	
檸檬‧‧‧‧‧1個	

模型

檸檬小蛋糕模15個(容量80c.c.)

烤焙

190℃ / 上層 / 11分鐘

做法

1　在模子裡刷融化的奶油(份量外)防黏。若奶油明顯凝結在底部，用面紙擦掉。

3　加糖、鹽攪拌均勻。加牛奶攪拌均勻。

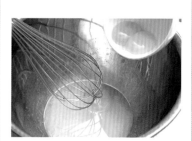

2　烤箱預熱。配方中的奶油隔水加溫到融化，加蛋黃拌勻。

4　把麵粉篩入。

5 攪拌均勻。拌勻就好,不要過度攪拌。

6 蛋白打起泡,再把糖分數次加入,打到硬性發泡。把一半蛋白舀到蛋黃裡,輕輕拌勻。

7 再倒回蛋白霜內拌勻。

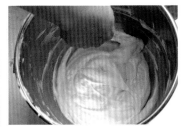

8 黃白混合後容易消泡,動作務必輕而快。

9 分裝在15個模子裡,要裝滿,每個約40克。

10 輕敲出大氣泡後,排列在烤盤上。

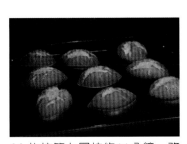

11 放烤箱上層烤約11分鐘。務必烤到表面呈棕色,而底面沒著色。取出放涼,倒著敲一下即可脫模。

12 白巧克力隔水加熱融化。拿著蛋糕去沾巧克力,整個凸面都要沾滿。輕輕甩一甩,以免巧克力過厚。

13 刮下一些檸檬皮末,撒在白巧克力上。冷藏至巧克力凝結變硬。

周老師特別提醒

• 若是天氣嚴寒,蛋黃部分會因奶油凝固而變得太濃稠,與蛋白部份拌合時容易使之消泡,解決之道是在拌合前放在溫水上保溫。

• 做檸檬巧克力小蛋糕,一定要烤到表面(平面)呈棕色,而底面(圓凸面)沒著色,如果底火太強使之著色,不但沾白巧克力不好看,而且圓凸面會變形。

• 如果沒有檸檬模型,可以用其它形狀的小蛋糕模代替,換算一下容量就知道需要多少麵糊。

• 此外再重覆提醒一次:刷模型防黏用的奶油,不是配方裡的奶油,要另備。

黑糖桂圓迷你蛋糕 /
蔓越莓迷你蛋糕

古典
巧克力蛋糕

酥皮
小蛋糕

金字塔
蛋糕

黑糖桂圓迷你蛋糕 /
蔓越莓迷你蛋糕

材料

桂圓……30克

奶油……40克

蛋黃……34克（2個）

黑砂糖……20克

鹽……1/8小匙

牛奶……24克

低筋麵粉……48克

蛋白……66克（2個）

細白砂糖……33克

模型

小蛋糕紙模10個（容量45c.c.）

烤焙

210℃ / 中上層 / 10分鐘

做法

1　烤箱預熱。桂圓切碎。

2　奶油隔水加溫到融化，把蛋黃一一加入拌勻。

3　加黑糖和鹽攪拌均勻。黑糖如果有結塊現象，必需先過篩再加入。

4　加牛奶和桂圓攪拌均勻。也可留一點桂圓最後撒在麵糊表面。

5　把麵粉篩入，輕輕均勻。

6　蛋白打起泡，再把糖分數次加入，打到硬性發泡。

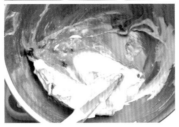

7　把蛋黃蛋白兩部份輕輕拌勻，動作務必輕而快。

8　分舀入10個模子裡，要裝滿，每個約27克。

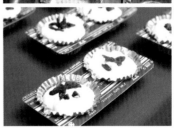

9　表面放上桂圓及蔓越莓，排列在烤盤上。

10 放烤箱中上層，烤約10分鐘即可。

周老師特別提醒

• 蛋白如果加黑糖同打會打不發，因為黑糖含水量比白糖高。

• 可以在表面刷一層黑糖蜜（超市可買到，或自己用黑糖加少許水煮到濃稠），不但增加光澤又可保溼。

• 蔓越莓迷你蛋糕的做法和黑糖桂圓蛋糕相同，只是桂圓改成蔓越莓乾，黑糖改成細白砂糖。

古典
巧克力蛋糕

這是法式風味的多層巧克力蛋糕。法式蛋糕常以杏仁粉代替部份麵粉，所以具有特別的香味和顆粒口感，又因為杏仁粉不吸水也不產生黏性，蛋糕的口感特別鬆——不是特別膨鬆密度低，而是鬆散無韌性，很容易入口，這與其它澱粉的性質都不同。

材料

- 蛋黃⋯⋯68克（4個）
- 融化奶油⋯⋯30克
- 牛奶⋯⋯80克
- 即溶咖啡⋯⋯1大匙
- 鹽⋯⋯1/4小匙
- 低筋麵粉⋯⋯60克
- 杏仁粉⋯⋯60克
- 蛋白⋯⋯132克（4個）
- 細白砂糖⋯⋯88克

奶油巧克力夾心

融化奶油⋯⋯100克

牛奶巧克力⋯⋯100克

巧克力表面霜飾

苦甜巧克力⋯⋯50克

熱水⋯⋯10～20克

模型

烤盤1個（長約41公分×寬約35公分）

烤焙

185℃ / 中層 / 12分鐘。

做法

1 烤箱預熱。烤盤鋪烤盤布。

2 蛋黃加奶油攪拌至融合。

3 把少量牛奶加熱，加咖啡調溶。

4 咖啡、全部牛奶和鹽加入蛋黃中拌勻。

5 麵粉篩入，杏仁粉加入，一起拌勻。

6 蛋白打散，分幾次加糖，打到硬性發泡（參考48頁）。

7 兩者拌勻，倒在烤盤布上，刮平。

8 放烤箱中層烤12分鐘。取出放涼。

奶油巧克力夾心

9 奶油加牛奶巧克力攪拌，直到巧克力融化。

10 如果巧克力不能完全融化，可以再隔水加熱片刻。

11 放涼到濃稠狀態。如果太慢可以冷藏，或放在冰水上攪拌。

12 攪拌到容易塗抹的軟硬度。

夾餡

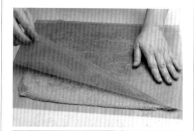

13 把蛋糕片切半，在一片上抹奶油巧克力。

14 兩片疊起來。

15 切成3片，其中2片上面抹滿奶油巧克力。

16 全部疊起來，一共6層。

裝飾

17 把50克苦甜巧克力切碎，加熱水調融。如果不融，同樣隔水加熱片刻。

18 抹在蛋糕表面。

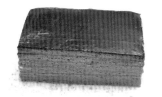

19 切掉不整齊的邊。

20 用精緻的漿果類裝飾表面即可。照片上是妃莎莉和紅白醋栗，沾些融化的巧克力就可以黏牢在蛋糕上。

21 如果是為特殊場合做的，可以撒些食用金箔。

周老師特別提醒

• 這類蛋糕的表面巧克力霜飾，如果經過「調溫」步驟，凝結後會比較光亮；做法是把苦甜巧克力加水（水量可視氣溫或巧克力性質調整，得到合適的硬度），隔水加熱攪拌到融化，再連盆放冷水上攪拌到微涼且開始硬化（約27℃），再放溫水上快速攪拌到又開始有流動性而好塗抹（約32℃），就可以淋在蛋糕表面。

• 不過市售巧克力蛋糕的表面極其光亮，往往不是因為調溫做的好，而是因為那根本不是巧克力，只是用很多副原料加少許可可粉和添加物所調成，省錢省事又好看，卻沒有真正巧克力的美味。

• 做奶油巧克力夾心所使用的融化奶油，可以改用焦奶油，很有風味。做法是把奶油放在小鍋裡燒到有微微焦香味飄出，但千萬不可焦黑或焦苦。

• 如果喜歡苦而不甜的蛋糕，夾心的牛奶巧克力可以改用苦甜巧克力，但必需再加些牛奶或水份，否則蛋糕冷藏後夾心會變得很硬。

酥皮
小蛋糕

以起酥皮包著蛋糕烤焙，外層酥脆而味淡，裡面香甜柔軟，堪稱絕配。因為酥皮比較硬而重，所以內裡的蛋糕也不可太過膨鬆，市售品都是用SP蛋糕。我們不用添加物，必需花點工夫做輕奶油分蛋蛋糕；輕奶油分蛋蛋糕非常美味，甜度、油潤度和膨鬆度都適中，不但適合烤起酥皮蛋糕，單吃也很可口。

起酥皮蛋糕最好趁熱吃，因為水份不高，不冷藏也可以保鮮數日；如果冷藏過，最好再烤一下，讓酥皮恢復香脆。

材料 4小條

輕奶油分蛋蛋糕

- 蛋黃……102克（6個）
- 細白砂糖……30克
- 鹽……1/2小匙
- 融化奶油……70克
- 牛奶……160克
- 低筋麵粉……180克
- 蛋白……198克（6個）
- 細白砂糖……132克
- 冷凍起酥皮……8片
  - （1片約43克）
- 手粉……適量
- 蛋黃……1個
- 水……半大匙

模型

長方烤模1個

（長31公分×寬23公分）

烤焙

175℃ / 中下層 / 30分鐘。

210℃ / 中下層 / 18分鐘。

做法

1　烤箱預熱。模型底鋪烤盤紙。

2　蛋黃加糖、鹽打到稍微發白。

3　慢慢加入融化奶油，攪拌均勻。

4　加牛奶拌勻。

5　把麵粉篩入拌勻。

6　蛋白打起泡，分數次加糖，打到硬性發泡。

7　蛋黃部份和蛋白部份輕輕拌勻。

8　倒入烤模，輕敲一下，表面刮平。

9　放入烤箱中下層，烤30分鐘。用手輕按有彈性而沒有浮動感，就是熟了。取出待涼。

包酥皮

10　把蛋糕切半，疊起來。

11　邊緣修齊，分切成4小條。每條長約20公分、寬約7公。

12　把2張半解凍的起酥皮疊在一起，擀到可以包1小條蛋糕的大小。如果會黏可以撒點手粉。

13 蛋黃1個加半大匙水攪拌成蛋水，刷在起酥皮上。

14 把1條蛋糕放在上面包起來。同法做完4條蛋糕。

15 排放在墊了烤盤紙的烤盤上。外面刷蛋汁。

16 用叉子刺洞以免變形或裂開。

17 烤箱預熱到210℃，將蛋糕放在中下層烤約18分鐘，直到酥皮金黃香脆為止。

周老師特別提醒

● 若是天氣嚴寒，蛋黃部分會因奶油凝固而變得太濃稠，與蛋白部份拌合時容易使之消泡，解決之道是在拌合前放在溫水上保溫。

● 市售的起酥皮蛋糕大得多，但因為台灣不容易買到大張的起酥皮，所以這裡才用兩張小張起酥皮重疊擀大，做成小條起酥皮蛋糕，這樣也方便食用。如果想做大的起酥皮蛋糕，可以自製起酥皮，或把多片冷凍起酥皮排列疊起擀大。

● 起酥皮第一次刷蛋汁是為了與蛋糕黏合，第二次刷蛋汁則是為了幫助表面烤出光澤。

金字塔蛋糕

這個用中東盛產的椰棗和杏仁果做的金字塔蛋糕,民族風味濃厚,香甜而口感獨特,尤其外型有趣又搶眼,特別受小朋友們熱愛。

不過也有小考古學家批評它:「這像馬雅金字塔,不像埃及金字塔!」主要是因為斜面看得出一階一階的樣子,不過馬雅金字塔似乎要更高瘦些?...其實一邊討論考古話題一邊分享這蛋糕,才是它最棒的地方吧。

材料

杏仁粉······70克

- 蛋黃······68克(4個)
- 融化奶油······40克
- 牛奶······100克
- 鹽······1/4小匙
- 去核椰棗······70克

低筋麵粉······55克

- 蛋白······165克(5個)
- 細白砂糖······88克

模型

烤盤1個

(長約41公分×寬約35公分)

烤焙

185℃ / 中層 / 14分鐘。

做法

蛋糕體

1　杏仁粉用150℃烤約5分鐘,直到發出香味。

2　烤箱預熱至185℃。烤盤鋪烤盤布。

3　杏仁粉加蛋黃等5種材料用食物處理機或果汁機打成泥。如果沒有機器,就先把椰棗搥爛,再一樣一樣攪拌在一起。

4　倒入盆中,把低筋麵粉篩入,輕輕拌勻。

5　蛋白打起泡,再分幾次加糖,打到硬性發泡。

6　和椰棗麵糊輕輕拌勻。倒入烤盤裡,刮平。

7　入爐,放中層,烤14分鐘,直到表面金黃著色。取出,放涼。

組合

8　把蛋糕切成13個正方形,邊長從13公分到1公分。

9　切剩的蛋糕用150℃烘乾數分鐘,不要烘焦了。

10　在粗孔篩子上磨碎,如果蛋糕屑份量不足,可以額外加些杏仁粉。

11　把蛋糕塗些軟化但沒有融化的奶油,一層一層疊起來。

12　表面也塗上奶油,撒滿蛋糕碎屑。

周老師特別提醒

杏仁粉是杏仁果(almond)磨成的粉,呈微黃粉狀粒,沒有特別香味,烘焙材料行有售;不是用來泡杏仁茶那種香味濃郁的白色粉末,那是杏仁霜。

其他蛋糕————

低成份輕乳酪蛋糕

高成份輕乳酪蛋糕的風味與一般輕蛋糕很不相同,對不慣吃乳酪的人來說乳酪味也太重;這種低成份配方就比較接近一般蛋糕,因為它的奶油乳酪含量只有一半。兩者的做法幾乎完全相同,也一樣美味可口。

材料　長圓形2個

蛋糕片‥‥‥2片(可省略)

┌ 奶油乳酪(室溫軟化)
│　　‥‥‥100克
│ 奶油(室溫軟化)‥‥‥10克
│ 牛奶‥‥‥200克
│ 蛋黃‥‥‥68克(4個)
│ 鹽‥‥‥1/4小匙
│ 檸檬汁‥‥‥1/2小匙
└ 低筋麵粉‥‥‥100克
┌ 蛋白‥‥‥132克(4個)
└ 細白砂糖‥‥‥88克

周老師特別提醒

- 模型、做法與烤焙都和高成份輕乳酪蛋糕相同,奶油一開始就和奶油乳酪攪拌在一起即可。

- 輕乳酪可以不用霜飾,但刷上一層亮光膠的確更美觀。材料行可買到各種亮光膠,例如杏桃果膠或鏡面亮光膠,只要照說明使用即可。自製也可以,請參考146頁。用新毛刷或矽膠刷厚厚滴在已冷卻的蛋糕表面即可。若只是薄薄刷過蛋糕表面,效果有限。

高成份輕乳酪蛋糕　DVD

輕蛋糕裡加入奶油乳酪為重要成份,就是輕乳酪蛋糕,色澤美觀而口感輕柔,只要喜歡乳酪的人很難不愛。

不過輕乳酪蛋糕其實不完全是蛋糕,可能更接近焗雞蛋布丁。常做輕蛋糕的人第一次看到輕乳酪配方,一定會注意到它的麵粉用量少到不合理,甚至可以完全不加麵粉。麵粉在蛋糕裡扮演支撐的角色,輕乳酪蛋糕和一般蛋糕不同,它靠的是雞蛋蒸熟後的凝固效果,就和焗布丁一樣,但它仍然有蛋糕的口感,主要來自打發的蛋白造成細密的孔洞組織。

輕乳酪蛋糕的配方很多,本書介紹兩種:奶油乳酪較多的高成份配方,和奶油乳酪只有半量的低成份配方。這兩種配方中的麵粉都可以換成玉米粉,這樣麩質過敏的人就可以食用了。或者連玉米粉也可以不加,照樣能做出成功的輕乳酪蛋糕,不過口感就更溼軟更像布丁,而更不像蛋糕。

材料

蛋糕片‥‥‥2片(可省略)

┌ 奶油乳酪(室溫軟化)
│　　‥‥‥200克
│ 牛奶‥‥‥200克
│ 蛋黃‥‥‥68克(4個)
│ 鹽‥‥‥1/4小匙
└ 檸檬汁‥‥‥1/2小匙
低筋麵粉‥‥‥40克
┌ 蛋白‥‥‥132克(4個)
└ 細白砂糖‥‥‥80克

模型

長圓模型2個(長21公分,寬10公分,容量1000c.c.)

烤焙

135℃ / 下層 / 80分鐘

麵糊

1　烤箱預熱。模壁塗一點奶油防黏。

2　蛋糕片可用全蛋或分蛋蛋糕，不要超過1公分厚，切成比模型底部略小，放入模型裡。如果不用蛋糕片，就剪烤盤紙墊在模型底部。

3　奶油乳酪和牛奶放盆裡，用食物攪拌機打成均勻的泥狀。

4　如果奶油乳酪曾經冷凍過，即使攪打也會有顆粒狀，可以用篩網過濾一次。

5　成為均質的奶油乳酪糊。

6　把蛋黃、鹽和檸檬汁加入，攪拌均勻。再把麵粉篩入拌勻。冷藏備用。

7 蛋白打起泡，把糖分幾次加入，繼續攪打到接近硬性發泡的溼性發泡（尖峰會稍微下垂）參考48頁。把乳酪糊和蛋白糊輕輕拌勻。

8 要確定完全拌勻，不要有乳酪糊沈澱在底下。

入模隔水烘烤

9 平均倒入2個模型中。

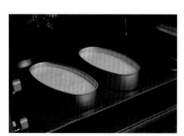

10 烤盤放在烤箱下層，加冷水到1公分高左右。把蛋糕放在水上，烤約80分鐘。

11 用手輕按表面，覺得有彈性，裡面沒有浮動感，同時蛋糕週圍因為乾燥凝結而有點脫離烤模，就是烤熟了。如果這時表面顏色還太淺，可以提高上火或是把烤盤往上層移，再烤幾分鐘，直到漂亮上色即可。

脫模

12 取出放涼，用小刀劃開蛋糕與模型。

13 倒扣在手上。

14 撕掉底紙。

15 再倒放回容器裡。

16 可刷上杏桃果膠或鏡面亮光膠（參考146頁），多數人喜歡冰涼後食用。

周老師特別提醒

● 輕乳酪的外表特色之一，是側面和底部都呈淡黃色，只有表面烤上色，使蛋糕溼軟可口，而且顏色美麗對比，又不用霜飾遮掩蛋糕側面的褐皮；隔水蒸烤就是為了避免側面和底部烤上色，但因此不宜使用活動模型，以免底部進水。

● 在模型裡墊一片海棉蛋糕，可以增加蛋糕體積，又可使底層較為結實好拿取。加鹽和檸檬汁，是為了補充奶油乳酪的風味，以免嚐起來太像布丁──以前奶油乳酪的鹽味和酸味夠重，不用加鹽和檸檬汁，但現在奶油乳酪的味道越來越淡，加一點比較好。

無麩質
芋泥蛋糕

我的家人朋友都很愛吃芋頭蛋糕，所以我設計過很多種芋頭蛋糕，這是裡面最「芋頭」的一種，因為這不是在一般蛋糕裡夾入芋泥餡，而是完全用芋頭代替麵粉做成蛋糕，入口一半像蛋糕，一半像芋泥，卻不同於兩者同時吃下的感覺。

因為芋頭沒有麵筋，黏性卻很強，很難做出鬆軟的蛋糕，我最後模仿輕乳酪的做法才成功，就如前所言，輕乳酪吃起來像蛋糕，做法卻更類似焗布丁，所以它不需要用到麵粉也可以成功。

模型也同樣用輕乳酪的長圓模型，當然其它非活動式模型也可以。裝飾的方法是在表面自然地刷上蛋黃，烤出像烤芋頭似的口橫交錯的褐斑。

材料

- 蒸熟芋頭……120克
- 鮮奶油……120克
- 蛋黃……45克（3個略小的）
- 鹽……1/6小匙
- 蛋白……90克（3個略小的）
- 細白砂糖……55克

蛋黃……1個

模型

長圓模型1個（長21公分，寬10公分，容量1000c.c.）

烤焙

140℃／下層／70分鐘

做法

1　烤箱預熱。

2　模型壁塗一點奶油防黏。模型底部墊烤盤紙。

3　把芋頭加鮮奶油，用食物攪拌機打成芋泥。

4　把蛋黃一個一個加入攪拌均勻，再加鹽拌勻。

5　蛋白打起泡，把糖分幾次加入，繼續攪打到很接近硬性發泡的溼性發泡（尖峰會稍微下垂）參考130頁。

6　把芋泥糊和蛋白糊輕輕拌勻。要確定完全拌勻，不要有芋泥糊沉澱在底下。

7　倒入模型裡。

8　烤盤放烤箱下層，盛水大約1公分高。

9　把蛋糕放在水上，烤約70分鐘。

10　用手輕按表面，覺得有彈性而沒有浮動感就是熟了。

11　在表面自然地刷上蛋黃。把上火調大或整盤往上移，使蛋黃烤上色，最多需要10分鐘。

12　出爐放涼。輕輕倒扣在手上即可脫模，撕去底紙。

輕乳酪蛋糕常見Q&A

Q： 為什麼蛋糕會分層，上層多氣泡，下層結實，甚至像年糕？

A： 分蛋蛋糕烤好會分兩層，主要是因為蛋黃部份和蛋白部份難以拌勻。這兩個部份要拌勻，蛋黃部份要有適當的溼度，蛋白部份要有足夠的黏性——蛋黃部份太溼（太水），與蛋白拌合時容易沈底，太乾的話一下子就會讓蛋白消泡。蛋白部份如果打到過度發泡，就會失去黏性，很難與蛋黃拌合。

輕乳酪蛋糕的蛋黃部份就是「太水」，所以特別容易沈底，解決之道就是把乳酪糊盡量冰涼，就會變稠些。雖然把麵粉加部份牛奶調勻後煮到糊狀，也可以增加稠度（燙麵法），但一不小心會煮得太硬，不怎麼好控制。

輕乳酪的蛋白絕不可打到過度發泡而失去黏性，和一般分蛋蛋糕相同。

Q： 為什麼蛋糕腰側內彎？

A： 輕乳酪的側面和底部都沒烤上色，表示沒有焦化（模型浸在水裡當然不會焦化），所以不能承受重力，很容易就往內彎。這是正常現象，也是為什麼輕乳酪不宜烤得很厚，因為越厚腰側就會彎得越嚴重。

若是介意自己的輕乳酪蛋糕腰側內彎，可以增加墊底蛋糕的厚度，減少麵糊的份量，如此烤出來的蛋糕外表厚度不變，但實際的輕乳酪蛋糕厚度變薄了，就比較不會內彎。因為本配方乳酪成份很高，所以這樣做也不會有偷工減料的感覺。

Q： 為什麼蛋糕表面破裂或塌陷？

A： 1. 蛋白打得太過發泡。

輕乳酪的蛋白不但不可以打到過度發泡，連硬性發泡也不用，只要打到接近硬性發泡的溼性發泡即可，因為奶油乳酪的性質特別容易讓蛋糕開花，蛋白再打到硬性發泡，性質更乾，就更容易烤到開花。（但也不能打得太不夠，會很容易融化消泡）

烤到開花就是嚴重膨脹而裂開，這樣因為蛋糕組織被撐得太開，冷卻後反而會塌陷。

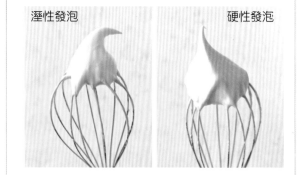

溼性發泡　　　　　　　　硬性發泡

2. 烤溫太高

除了蛋白打太發以外，輕乳酪開花的主要原因是烤溫太高，或烤箱內壓力過大。一般說來，蛋糕成份越高，烤溫越低時間越長；輕乳酪蛋糕的成份極高，所以要用135℃這麼低的烤溫。若用到溫度比一般烤箱高的烤箱，蛋糕還是烤裂了，下次可以再降5～10℃，時間通常不用調整。

但是若用到太過密閉的烤箱，箱內壓力過大，再降溫還是會把蛋糕烤裂，這時若是能夠，就把烤箱開個門縫烤。此外，若看到烤盤上的水有要沸騰的跡象，就加點冰塊讓它降溫，也可以有效降低箱內壓力。

草莓煉乳麻糬蛋糕

做有造型的花式蛋糕，或把蛋糕切片做底，總是會剩下很多蛋糕碎塊，可以用來做成這種類似「大福」的可愛小甜點。

自製麻糬皮需要玉米粉和糯米粉，玉米粉指玉米澱粉（corn starch），糯米粉是水磨糯米粉，一般市售糯米粉都是水磨的。市售的米製粉類常有品質不佳帶霉味的問題，需要多打聽比較才能買到較無異味的品牌。

自製麻糬皮因為沒有添加物及人造澱粉，不宜冷藏過久，會變硬而不好吃。但可以冷凍保存很久，冷凍後再半解凍，吃來相當可口，像「冰淇淋麻糬」一樣，即使包有整個草莓也可以一起冷凍。

材料 5個

煉乳麻糬皮

- 玉米粉⋯⋯40克
- 水磨糯米粉⋯⋯40克
- 煉乳⋯⋯70克
- 味道清淡的植物油（或奶油）⋯⋯20克
- 牛奶⋯⋯120克

- 草莓（中等大小）⋯⋯5顆
- 蛋糕塊⋯⋯約125克
- 打發的無糖鮮奶油⋯⋯少許
  （參考146頁）

做法

1 前4種材料拌勻，把煮滾的牛奶沖入，攪拌均勻。

2 微波2～3分鐘至熟，每微波1分鐘要取出攪拌一次。

3 也可以用蒸的，約需10分鐘，但蒸時同樣也要取出攪拌數次，否則難以蒸透。

4 放盆中用力捶打，或放攪拌缸裡用漿狀腳打到光滑有彈性。

5 工作桌洗擦潔淨，手也洗淨擦乾。

6 把麻糬團倒出，搓長。如果會黏，可以撒些玉米粉防黏。

7 切成5塊，每塊約50克。

8 草莓洗淨去蒂擦乾。

9 用25克蛋糕塊沾點鮮奶油，把草莓包起來。

10 麻糬皮擀圓，中間厚邊緣薄。

11 包入一個蛋糕草莓，像包包子一樣捏緊。

提拉米蘇

提拉米蘇是義大利著名甜點，以手指餅乾（或海棉蛋糕）、義式咖啡和馬斯卡邦乳酪（Mascarpone cheese）組合而成，沒有這些材料就不能叫提拉米蘇。

Mascarpone cheese是奶油乳酪的一種，嚐起來有點像香醇而濃郁的固體鮮奶油，沒有發酵味。Mascarpone cheese不便宜，所以很多提拉米蘇食譜都混入等量的打發鮮奶油或打發蛋白，可以降底成本，但這樣就比較像慕思，不如原味來得有特色。

市售的提拉米蘇更是慕思預拌粉調成，完全不能算是提拉米蘇，但是成本便宜好幾倍，又方便省工，反正裝在漂漂亮亮的容器裡很好看，消費者也不會分辨，利之所趨就顧不得品質了。

材料

手指餅乾⋯⋯約135克
Espresso（濃縮咖啡）⋯⋯半杯
蘭姆酒或咖啡酒⋯⋯2大匙
Mascarpone cheese
　⋯⋯1盒（500克）
可可粉⋯⋯少許

容器1個（容量約1000多c.c.）

做法

1　Mascarpone攪軟。

2　手指餅乾排在容器底部。

3　把咖啡和酒倒在同一個小碗裡，刷在餅乾上，約用掉1/3。

4　將1/3的Mascarpone抹在餅上。

5　再排一層手指餅乾，然後刷咖啡酒、抹Mascarpone。

6　重覆共三層。

7　在表面篩可可粉。

8　蓋好，冷藏或冷凍皆可。食用時以大匙挖出在盤裡，再篩點可可粉。

周老師特別提醒

濃縮咖啡很強烈，若不習慣可以減少，或用其它咖啡代替。照片上的容器比較小，所以只裝入全部材料的3/5。

手指餅乾

材料

蛋黃‧‧‧‧‧34克（2個）
細白砂糖‧‧‧‧‧‧34克
鹽‧‧‧‧‧‧1/4小匙
蛋白‧‧‧‧‧66克（2個）
細白砂糖‧‧‧‧‧‧66克
低筋麵粉‧‧‧‧‧‧100克

模型

烤盤2個
（長約41公分×寬約35公分）

烤焙

190℃／中上層／9分鐘

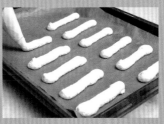

做法

1　烤箱預熱。烤盤鋪烤盤布。

2　蛋黃加糖、鹽，攪打到濃稠發白。

3　蛋白打起泡，分數次加糖，打到很濃稠的溼性發泡。

4　黃白拌勻。

5　把麵粉篩入拌勻，成為濃稠的麵糊。

6　用直徑1公分的平口擠花嘴擠在烤盤布上。

7　放中上層烤約9分鐘，用手輕觸覺得堅實即可。

周老師特別提醒

這些材料烤出來的手指餅乾大約可做兩次提拉米蘇，裝盒冷藏可以保存很久。

大理石
乳酪蛋糕

材料

9吋圓蛋糕……1片

┌ 苦甜巧克力……90克
└ 水……10克

┌ 奶油乳酪……330克
│ 細白砂糖……110克
└ 蛋……3個

模型

9吋quiches盤1個（直徑23公分，
高3公分，容量1000c.c.）

烤焙

150℃ / 下層 / 55分鐘

做法

1　蛋糕片厚度不要超過1公分。放
在耐高溫玻璃皿（quiches盤）上。

2　巧克力加水，放在熱水盆上
隔水攪拌到融化。

3　奶油乳酪加糖攪打均勻。

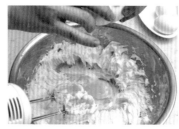

4　再把蛋一個一個加入。

5　打勻。

6　取240克奶油乳酪糊加巧
克力。

7　拌勻成黑色麵糊。

8　把白色和黑色兩種麵糊交替
倒入模中。

9　用筷子攪拌成大理石花樣。

10　烤箱預熱至150℃。烤盤放在
烤箱下層，倒入超過半公分高的
冷水。把蛋糕放在水上，烤約55
分鐘，用手指輕按表面，覺得凝
結而有彈性即是熟了。

周老師特別提醒

• 這是巧克力味和乳酪味都
很重的香濃蛋糕，做法類似
重乳酪蛋糕，非常簡單，但
是不像一般重乳酪蛋糕以酥
皮為底，因為酥皮經過水浴
蒸烤就失去酥脆性，還不如
蛋糕底合適。如果不用水浴
蒸烤，它的表面會上色且裂
開，失去大理石的美感。

• 如果改用牛奶巧克力，直接
隔水加熱融化即可，不用再
加10克水；但是牛奶巧克力
顏色比較不黑，整個蛋糕就
沒那黑白分明。

藍莓
乳酪蛋糕

慕思是以打發鮮奶油或蛋白為底的膨鬆食物，甜鹹皆有，法式甜點慕思，又多半加了明膠來幫助凝結，做法比較繁複，所以售價很高。不過現在市售的慕思大多是用「慕思粉」調成，簡單極了，成份當然也不外是香料、色素和各種化學名稱很長很難唸的添加物。

做慕思的重點是在拌合膠質部份和鮮奶油泡沫時控制溫度。例如本食譜中的乳酪糊，就是膠質部份，它如果放在冰水上太久就會凝結，無法和鮮奶油拌勻，如果太熱就會讓鮮奶油融化出水。

所以不能全照食譜，要看天氣行事。天氣寒冷時，乳酪糊可能根本不需要放在冰水上攪拌，只要直接和鮮奶油拌勻就會開始凝結了。天氣熱時，乳酪糊一邊與鮮奶油拌合，一邊就會開始融化，所以拌合時也要放在冰水上操做。

不過這個蛋糕裡的慕思配方很容易成功，即使是初次做慕思的人也不會失敗，而且造形也可以任意創作，即使沒有模型，又只有一片用剩的蛋糕，都可以變化出這麼別緻的三角形蛋糕。

材料

9吋圓蛋糕‧‧‧‧‧‧1片（厚約1公分）
- 藍莓罐頭‧‧‧‧‧‧1罐
- 亮光膠‧‧‧‧‧適量（參考146頁）

慕思餡

- 奶油乳酪‧‧‧‧‧140克
- 蛋黃‧‧‧‧‧‧2個
- 細白砂糖‧‧‧‧‧‧40克
- 檸檬皮末‧‧‧‧‧‧1個

明膠片‧‧‧‧‧‧2片（5克）

無糖鮮奶油‧‧‧‧230克（參考146頁）

做法

1 把一個9吋鋁箔紙盤摺成正三角形。

2 放在蛋糕片上。照樣切下三角形蛋糕。

3 剩下的蛋糕切成寬約1公分多的長條。

4 把藍莓罐頭的顆粒和汁分開。

5 用蛋糕條和藍莓顆粒在鋁箔紙盤上排花樣。注意：蛋糕的淺色面要朝下。

6 鋁箔紙盤外包一張鋁箔紙。

7 製作慕思：把奶油乳酪加蛋黃、糖、檸檬皮末攪拌均勻。

8 秤90克罐頭藍莓汁，加熱到80、90℃，熄火。

9 把明膠片撕碎加入攪拌到融化。

10 倒入乳酪糊裡拌勻。

11 放冰水上攪拌到開始有濃稠感。

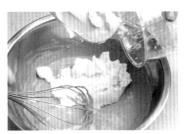

12 鮮奶油打到九分發，和明膠乳酪糊輕輕拌勻即是慕思。

13 倒入鋪了蛋糕條的鋁箔紙盤裡。

14 把完整的三角形蛋糕片放在上面，壓平。

15 冷藏數小時到慕思完全凝固。

16 邊緣劃開即可倒扣在盤中。表面刷上亮光膠即可。

周老師特別提醒

蛋糕片用全蛋或分蛋蛋糕都可以。

4　草莓壓碎，連汁加糖拌勻。

5　把明膠撕碎，加入熱水中攪拌到融化。

6　明膠水和碎草莓拌勻。

7　放冷水上攪拌到開始有濃稠感，離開冰水。

草莓慕思
巧克力夾心蛋糕

材料

巧克力分蛋蛋糕⋯⋯1個
同樣的9吋模型⋯⋯1個
巧克力晶片⋯⋯適量

巧克力夾心

苦甜巧克力⋯⋯200克
牛奶⋯⋯100克

草莓慕思

草莓⋯⋯270克
細白砂糖⋯⋯40克
明膠片⋯⋯5片
熱水⋯⋯100克
無糖鮮奶油⋯⋯300克

做法

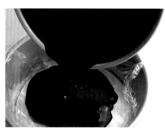

1　把巧克力加牛奶一起隔水加熱，攪拌到完全融化。

2　在模底鋪保鮮膜，把巧克力倒在上面，搖平。

3　冷藏到完全凝結，就是巧克力夾心。

8 鮮奶油打到九分發，加上述草莓明膠液輕輕拌勻即是草莓慕思。

9 把蛋糕橫切開成兩片。

10 側面抹一點慕思做記號，拿開上片。

11 由下往上，依蛋糕、慕思、巧克力、慕思、蛋糕的次序疊起來。

12 用剩下的慕思抹滿整個蛋糕。

13 可以撒些巧克力晶片，或用巧克力米也可以。放幾個草莓做裝飾更好。

14 一定要徹底冰涼才能分切食用，至少要數小時，隔天更好。

巧克力分蛋蛋糕

材料

蛋黃·····68克(4個)

細白砂糖·····40克

鹽·····1/6小匙

牛奶·····90克

低筋麵粉·····80克

可可粉·····20克

蛋白·····132(4個)

細白砂糖·····88克

模型

9吋活動圓模1個(模內徑23公分，內高7公分，容量約2761c.c.)

烤焙

170℃ / 下層 / 40分鐘

做法

參考48頁基本分蛋蛋糕做法，製作出巧克力分蛋蛋糕。

周老師特別提醒

• 草莓幕思的顏色很淺，如果小部份用紅色火龍果肉代替，顏色就會變得非常鮮艷討喜。

• 草莓用擀麵杖就可以輕易壓碎，連汁取用。不要用果汁機打成泥，要壓碎才爽口，雖然草莓碎塊會讓霜飾不夠平整，但別有一種天然的魅力。

鮮奶水果
慕思蛋糕捲

這種精緻的蛋糕捲非常受歡迎，但做法比一般慕思困難些，最好做過別種慕思再嘗試。困難是因為拌好的慕思不是在模型裡冷藏，而是捲入很軟的蛋糕片，含多量水果丁，常會邊捲邊變形，或是冰涼了還是一切就散開。

會發生這些問題，是因為明膠液冰得太凝結才加鮮奶油攪拌（記得冰到開始有濃稠感就好），或因室溫太高而在加鮮奶油攪拌時熱到要融化（可以整盆放在冰水上攪拌），或因為水果太重或出水使慕思垮掉，所以水果要切小一點，用罐頭水果丁就不用切，瀝乾後較不會出水，再加點奇異果會更漂亮。

材料

平盤蛋糕材料

- 蛋黃⋯⋯85克（5個）
- 鹽⋯⋯1/4小匙
- 沙拉油⋯⋯45克
- 牛奶⋯⋯45克
- 低筋麵粉⋯⋯60克
- 蛋白⋯⋯165克
- 細白砂糖⋯⋯110克

慕思材料

- 綜合水果丁⋯⋯320克
- 無糖鮮奶油⋯⋯150克
- 明膠片⋯⋯5片
- 熱鮮奶⋯⋯150克
- 細白砂糖⋯⋯40克
- 天然香草或檸檬皮末⋯⋯適量

模型

烤盤1個
（長約41公分×寬約35公分）

烤焙

175℃ / 中層 / 14分鐘。

做法

平盤蛋糕

1 烤箱預熱。烤盤鋪烤盤布。參考48頁將蛋糕材料製作成分蛋蛋糕麵糊。

2 倒入烤盤裡，刮平，輕敲數次把氣泡敲出。

3 放入烤箱中層，烤約14分鐘，用手輕按中央，有彈性即是烤好。

4 出爐，立刻把邊緣割開，放涼。

慕思

5 水果丁從罐頭裡取出瀝乾。

6 鮮奶油打發，冷藏備用。

7 把明膠片泡一下冷開水，撈起。

8 放入熱鮮奶裡（約7～80℃），攪拌到溶化。

9 加糖和香草攪拌均勻。

10 放在冰水盆上慢慢攪拌到濃稠但尚未凝結的狀態，離開冰水。

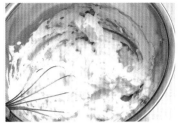

做法

平盤蛋糕

11 把打發的鮮奶油加入，攪拌均勻即成慕思。

12 把蛋糕片倒扣，撕掉墊底的烤盤布，再扣回來，棕色面朝上，去邊。

13 把慕思倒在蛋糕片上，抹平。

14 排列水果丁，捲好。要用力一點捲，裡面才不會有空洞，即使把餡從兩邊擠出一點也無妨。

15 用烤盤布包成圓柱體。

16 冷藏到完全凝結，才能取出切片食用。至少需要2小時以上，冷藏一夜更好。

周老師特別提醒

如果沒有把握，可以把全部材料都分成兩份，捲成兩條，這樣也比較容易放進冰箱。

酪梨
乳酪蛋糕

酪梨又名奶油果，含大量水份和一些有益健康的植物油脂，卻不含糖份，在乳酪蛋糕裡剛好可以代替牛奶，又帶來特殊的風味和自然漂亮的淡綠色。

用可愛的小矽膠模烤出小小的乳酪蛋糕，現在正流行，如果沒有小矽膠模可以用一般小蛋糕模，不過怕水的紙模不太合適。

材料 10個小蛋糕

酪梨(淨重)⋯⋯⋯100克
奶油乳酪⋯⋯⋯100克
蛋黃⋯⋯⋯34克(2個)
低筋麵粉⋯⋯⋯30克

蛋白⋯⋯⋯66克(2個)
細白砂糖⋯⋯⋯40克

模型

小矽膠模10個

(每個容量60C.C.)

烤焙

145℃ / 中層 / 30分鐘。

做法

1 烤箱預熱。模型裡塗些奶油防黏。

2 酪梨、奶油乳酪和蛋黃一起用食物攪拌器打成泥。

3 倒盆中，把麵粉篩入拌勻。

4 蛋白打起泡，把糖分幾次加入，繼續攪打到很接近硬性發泡的溼性發泡(尖峰會稍微下垂)參考130頁。

5 把酪梨糊和蛋白糊輕輕拌勻。

6 平均倒入10個小模型裡，一個約33克。

7 烤盤放在烤箱中層，倒入一點水，只要有一薄層即可。

8 蛋糕放在水上，烤約30分鐘。

9 用手輕按表面，覺得有彈性，裡面沒有浮動感，同時蛋糕週圍因為乾燥凝結而有點脫離烤模，就是烤熟了。

草莓煉乳麻糬蛋糕
做法見131頁

黑糖紅豆
麻糬蛋糕

材料　5個

黑糖麻糬皮

- 玉米粉⋯⋯40克
- 水磨糯米粉⋯⋯40克
- 黑砂糖⋯⋯40克
- 味道清淡的植物油（或奶油）
  ⋯⋯30克
- 滾水⋯⋯140克
- 蛋糕塊⋯⋯約125克
- 紅豆粒餡或蜜汁小紅豆
  ⋯⋯75克
- 打發的無糖鮮奶油⋯⋯少許
  （參考146頁，可省略）

做法

1　黑糖麻糬皮的做法與煉乳麻糬皮完全相同（參考131頁）。

2　把25克蛋糕和15克紅豆混在一起，輕輕握成團。這個份量可以自由調整。

3　麻糬皮擀圓，中間厚邊緣薄。

4　抹上一些打發鮮奶油。

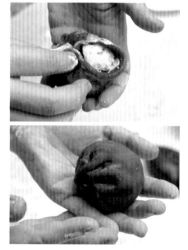

5　包入一團蛋糕，像包包子一樣捏緊。

抹茶鮮奶油

奶油巧克力
夾心

玫瑰薰衣草
糖霜

香草奶油
布丁餡

無糖
香草奶油霜

奶油布丁加
發泡鮮奶油

巧克力
表面霜飾

咖啡奶油霜

發泡鮮奶油

無糖
香草奶油霜

材料

奶油……1小條（113.5克）

鹽……1/4小匙

天然香草醬或香草莢……適量

做法

奶油放至柔軟，與其他材料一起混合均勻。

咖啡**奶油霜**

材料

糖粉……40克

奶油(室溫軟化)……1小條
　(約113.5克)

即溶咖啡……半大匙

熱水……半大匙

做法

1　糖粉過篩，加入奶油中，用力攪拌均勻。

2　咖啡加熱水調溶，加入奶油中攪拌均勻即可。

3　用剩的可冷藏保存。使用時如果覺得堅硬不好塗抹，可以放溫水上攪拌到軟化，但不可融化。

周老師特別提醒

不加咖啡及熱水，以牛奶1大匙和香草少許代替，就是香草奶油霜；以檸檬汁、檸檬皮末各半大匙代替，就是檸檬奶油霜；用柳橙就是柳橙奶油霜。

奶油巧克力
夾心

材料

融化奶油……100克

牛奶巧克力……100克

做法

1　奶油加牛奶巧克力攪拌，直到巧克力融化。

2　如果巧克力不能完全融化，可以再隔水加熱片刻。

3　放涼到濃稠狀態。如果太慢可以放在冰水上攪拌到容易塗抹的軟硬度。

融化**巧克力**

材料

苦甜巧克力……50克

做法

苦甜巧克力切碎，下墊熱水盆隔水加熱融化。

玫瑰薰衣草
糖霜

材料

乾燥薰衣草花……2克

滾水……40克

玫瑰果……10克

糖粉……100克

做法

1　薰衣草花用滾水沖泡，放涼再過濾取得薰衣草水。

2　玫瑰果徹底搗碎成果泥。

3　用10克的薰衣草水和10克的玫瑰果泥拌100克糖粉，即成玫瑰薰衣草糖霜。

香草奶油
布丁餡

材料

牛奶……600克

細白砂糖……120克

低筋麵粉……80克

奶油……30克

蛋黃……2個

天然香草……少許

做法

1 用部份牛奶(不到一半)加糖和麵粉攪拌成糊狀。

2 把剩下的牛奶煮沸。

3 沖入糊中，不斷攪拌。

4 放回爐上繼續煮到沸騰。

5 煮時要不斷攪拌以免燒焦。

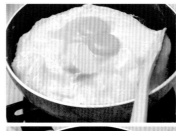

6 熄火，趁熱加奶油和蛋黃拌勻。

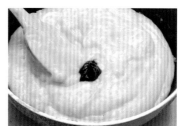

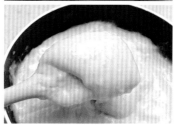

7 再加香草拌勻即可。

8 趁熱使用，以免凝結成塊不好用，或是用耐熱塑膠袋緊貼待涼。凝結後也可以再煮軟，但同樣要不斷攪拌以免燒焦。

周老師特別提醒

• 奶油布丁餡又叫卡士達或克林姆餡，通常加香草做成香草口味，但也可以加其它香料，例如檸檬布丁餡、咖啡布丁餡等，都非常受歡迎。

• 煮布丁餡很容易燒焦，所以把大半份牛奶單獨煮沸沖入，可以減少煮的時間，就減少燒焦的可能。煮時需要不斷攪拌，若用不沾鍋，記得準備木匙或耐熱的橡皮刮刀來攪拌。

抹茶鮮奶油

材料

無糖鮮奶油‧‧‧‧‧140克

抹茶粉‧‧‧‧‧2小匙

做法

鮮奶油加抹茶粉調勻,打發。

奶油布丁加 發泡鮮奶油

做法

香草奶油布丁餡和發泡鮮奶油各半,攪拌均勻即可。

自製亮光膠

材料

吉利T(珍珠粉)‧‧‧‧‧1大匙

細白砂糖‧‧‧‧‧1大匙

柳橙汁或其它淡色果汁‧‧‧‧‧1杯

做法

1　用小形打蛋器把吉利T和糖拌勻。

2　果汁先過濾過,倒入吉利T和糖中攪勻。

3　一起用小火煮沸即可。

4　如果還沒用完就凝結,可以再加熱就會再度融化。

發泡鮮奶油

材料

無糖鮮奶油‧‧‧‧‧100%

細白砂糖‧‧‧‧‧10%

天然香料‧‧‧‧‧少許

做法

1　把鮮奶油加糖,用機器以高速或中速打到濃稠,上圖是所謂的七分發,適於塗抹蛋糕。

2　繼續攪打到更硬,適合擠花。

3　加少許香料拌打均勻即可。

4　若不立刻使用就要冷藏保存。

5　如果冷藏後變硬,塗抹蛋糕顯得粗糙,可以加點未打的鮮奶油輕輕攪拌,就會恢復柔軟有光澤的狀態。

周老師特別提醒

● 鮮奶油是牛奶離心後浮在上方、乳脂肪含量特高的部份。鮮奶油有烹飪用和霜飾用兩種,前者乳脂肪含量約12.5%,也常用來調咖啡或奶茶,無法打發;本書用的是後者,乳脂肪含量約35~42%。

● 鮮奶油平時要冷藏,打發時也很怕受熱,天氣熱時盆子下面最好墊冰水,而且打夠了就要停手,萬一攪打過度就會油水分離,變成黃黃的奶油塊和稀稀的牛奶。

● 有些鮮奶油有添加膠質等安定劑,很容易打發,也比較不怕熱,但是一不小心就會打得太硬。

● 所謂的「植物性鮮奶油」,是用植物油氫化製成,不是天然產物,所以本書中沒有用到。

周老師特別提醒

亮光膠容易孳生細菌,用酸性果汁做比較好。如果不用果汁而用水,糖可以多加一些。把亮光膠刷在蛋糕或水果上之後,不會再經加熱,所以一定要用乾淨且乾燥的刷子。

巧克力 表面霜飾

材料

巧克力‧‧‧‧‧50克

熱水‧‧‧‧‧10~20克

做法

材料混合調融。如果不融就隔水加熱並攪拌到融化。

顏色夠深　顏色不夠深

焦糖

4 搖一下鍋子，繼續煮片刻，成為均勻的糖液即可熄火。

材料

砂糖（黃白皆可）‥‥‥100%

水‥‥‥25%

滾水‥‥‥25～50%

做法

1 把糖加水煮沸，繼續煮到出現焦色，不時搖晃鍋子使焦色平均。

2 確定顏色夠深後才沖滾水。如果顏色太深會很苦，如果顏色不夠深，沖了滾水後顏色就不會再變深。

3 戴著手套把滾水沖入鍋中。因為沖水時會冒大量蒸汽，要戴手套才不會被燙傷。

周老師特別提醒

• 糖和水的比例是重量比或體積比都可以。煮焦糖最好不要攪拌以免反砂，所以用不沾鍋煮最好，不攪拌也不會焦底。

• 第一次加的水，是用來溶化砂糖，要一直煮到完全蒸發，糖才會焦化，所以加太多徒然浪費火力。不加也可以，但是乾的砂糖受熱不平均，容易煮到過焦。

• 煮好的焦糖，看似液體，等冷卻就變成硬塊，無法取用，所以要加第二次水，好把焦糖溶化成焦糖液——事實上我們烹飪烘焙時用的都是焦糖液不是焦糖。

• 第二次加的水一定要很熱，不然焦糖遇冷結塊，就很難再煮融化。滾水的份量決定焦糖液的濃度，若加25%，焦糖液會非常濃稠，冷卻後如同麥芽糖一樣；加到50%，焦糖液冷卻後比較容易取用，但是當布丁的焦糖底就顯得不夠濃稠。

• 如果焦糖煮得濃，用剩的可以加一點熱水再煮一下，變成比較稀的焦糖液，裝瓶保存，以後用來調味或淋在咖啡上。

鬆軟白乳酪

cotton cheese，譯做鬆軟白乳酪或茅屋乳酪，是用牛奶做的不發酵乳酪，不甜，微帶酸味，加在鬆餅和蛋糕上營養又美味。簡易自製法如下，用不完的請包好冷藏，可以保鮮數日。

材料

鮮奶……1800克

檸檬汁……150克

做法

1 把150克檸檬汁倒入1800克溫熱鮮奶（約50℃）裡，攪拌，放置10分鐘。

2 倒到細紗布袋裡，吊起，使乳清滴落1小時。

3 袋裡的乳凝如果太溼，可以稍擰乾，約可得450克成品。

擠花袋與擠花

替蛋糕做鮮奶油霜飾，最重要的是練習把表面抹得乾淨平整，起先會用掉很多鮮奶油才能做到，不時練習，慢慢就能減少鮮奶油用量。

其實這樣就夠了，擠花只是點綴，即使要擠也只要簡單大方即可，實在不需要練習複雜的花樣。

裝填擠花袋的注意事項：

1 擠花袋裡裝入花嘴。將擠花袋扭緊塞入花嘴中，可避免裝填時從花嘴處漏出。

2 可放入深杯中輔助，翻開袋口。

3 填入打發的鮮奶油或其他餡。

4 從深杯中取出。

5 以刮板將填餡往花嘴方向推。

6 袋口扭緊。

7 一手抓緊袋口，一手固定花嘴。在蛋糕上擠自己喜歡的花樣。

細線	粗線和點	藤編	貝殼和菊花

擠細線時要力量平均，如果用力忽輕忽重，線條就會忽粗忽細。

粗線的擠法和細線一樣。擠圓點時擠花袋要垂直於蛋糕，而且花嘴口控制在蛋糕上方1～2公方，全程不可上下移動，才不會擠成垂直的長條怪樣。

擠藤編花樣的步驟如45頁所示。如果怕擠歪或擠得長短不一，可以先用竹籤在抹好的蛋糕上劃記號，再照記號擠。

同樣把花嘴口控制在蛋糕上方1～2公方，全程不可上下移動。直擠是花朵，擠出花朵後再往旁或往下拉，一邊放鬆力道，就可擠出貝殼形。

用鮮奶油擠花的注意事項：

1. 擠每種花樣所需的硬度不太一樣，最好把鮮奶油打到每一階段後，都放一點在花嘴裡，用手指把它擠出，看看是否形成漂亮的花樣，就是正確的硬度。

2. 裝袋時盡量不要裝入空氣，以免擠花時中斷。袋中的鮮奶油快擠完時，要把花嘴裡的最後一點也擠出，把擠花袋壓扁，再重裝鮮奶油，否則袋裡也會有空氣。

3. 避免一直用手掌緊握擠花袋，手溫會讓鮮奶油受熱融化。

4. 已經擠出的鮮奶油，不應該裝回袋中重擠，反覆使用會讓鮮奶油粗糙甚至融化。

材料

製作輕蛋糕最基本的材料是蛋、糖、麵粉、鹽、油脂、水份（奶類或果汁）。

蛋

一般都用雞蛋，只要新鮮無異味即可，不指定蛋殼或蛋黃的顏色，不過蛋黃的顏色會影響蛋糕的顏色，所以若要做淺色的蛋糕，就不要選蛋黃偏橘色的蛋。

無論做什麼點心，如果要用到全蛋，最好調整到微溫，才能發揮最好的乳化作用。如果要分蛋使用，則應用冷藏的蛋，從冰箱裡拿出來立刻分蛋。在一般室溫下，分好的蛋白約是16～17℃，打到硬性發泡後約是20～22℃，蛋白在這段溫度範圍裡能包含最多的空氣。

多餘的蛋白、蛋黃在烹飪和烘焙上的用途很廣，不會浪費。蛋白冷藏可以保鮮一週以上，冷凍更久；蛋黃比較不耐存放，盡快用掉為宜。

糖

本書用的幾乎都是「細白砂糖」，就是台糖的精製細砂。有些細砂糖顆粒很粗，不容易在操作時間裡溶化在麵糊中，會使蛋糕出問題。如果買了不想浪費，可以用食物處理機打細。

在需要蛋糕濃稠不易流動時應改用糖粉；糖粉由砂糖研磨而成，並加入玉米粉以防結塊。

黑糖是甘蔗汁沒有濾掉糖蜜，直接濃縮後乾燥而成，所以顏色很深又有特殊風味；但是要把蛋打發時不能加黑糖，因為黑糖不是純糖，水份又比較多。

麵粉

麵粉主要由麵筋和澱粉組成，麵筋多的就叫高筋麵粉，適合做麵包；麵筋少的叫低筋麵粉，適合做蛋糕。

麵筋加水攪拌會形成強韌而有彈力的網狀結構，這叫「出筋」。做麵包要出筋才有彈性，所以要用高筋麵粉而且用力揉；做蛋糕若是輕微出筋，有助於支撐蛋糕體，如果過度出筋，蛋糕體反而會收縮緊繃，因此做蛋糕要用低筋麵粉，而且加了麵粉之後不可以攪拌太久或太用力。

如果買不到低筋麵粉，可以用90%的中筋麵粉加10%的玉米粉（corn starch）混合即可，因為玉米澱粉的性質與小麥澱粉非常接近。

做低成份蛋糕時，即使是低筋麵粉，也可以摻些玉米粉（不能超過麵粉量的20%），進一步降低麵粉筋度，這樣做出來的蛋糕更細緻。不過不是所有配方都可以摻用玉米粉，本書很多都是高成份配方，就不需要用玉米粉，因為麵筋仍然是支撐蛋糕的因素之一，蛋糕成份高，麵粉筋度又過低，支撐力會不足。

麵粉有時也可摻些樹薯粉或在來米粉，產生不同的口感，但比例也不宜超過20%，而且不可以用糯米粉，糯米粉的性質與小麥澱粉相差太多，容易造成蛋糕失敗。使用在來米粉時要注意，市售的米製粉常常帶有霉味，不但難聞，也會影響健康，如果買不到無異味的，最好自己打粉。

鹽

加鹽可以減少甜膩感，突顯材料的風味，所以蛋糕一定要加鹽，雖然只能加極少量以免鹹味太明顯，但沒有卻不行。

油脂

麵糊類蛋糕必需用固體油，相反地輕蛋糕只用液體油，任何液體食用油都可以，只要沒有異味即可，但是液體油難免有一點油味，所以不要忘了加香草、檸檬皮末等天然香料。

奶油味道香，加不加香料皆可，但奶油要完全融化才能用在輕蛋糕裡。

大部份輕蛋糕配方都可以任意選擇使用液體油或融化的奶油，但是奶油在低溫時會凝固，這造成兩個影響：
第一，打分蛋麵糊時如果室溫很低，摻了奶油的蛋黃部份可能會變得很濃稠，不容易和蛋白拌勻，需要墊溫水保溫。
第二，含奶油量較高的蛋糕冷藏會變硬，從冰箱取出後最好放置一陣子，回溫了再享用，所以就不適合以鮮奶油為霜飾，因為鮮奶油必需冰涼食用才衛生可口。

周老師特別提醒：
所有食用油的熱量都差不多，就數據看來奶油的熱量比較低，但這只是因為奶油含有水份，不是純油。所以選擇輕蛋糕用油時只要考慮風味，要考慮營養價值也可以，不用考慮熱量問題。

水份
蛋糕需要水份時可以直接加水，但比較常用牛奶、果汁、咖啡等等，讓蛋糕更有味道。雖然水和牛奶、果汁、咖啡等成份並不相同，但是用量不多，所以替換時可以不用調整食譜。

牛奶可以直接用鮮奶；或用奶粉4大匙或28克加水調成1杯，或用罐裝奶水半杯加水調成1杯，濃度就等於鮮奶。

香草醬與香草莢 −1
刮取天然香草莢裡的籽，香味最純正迷人，以香草籽為主的罐裝香草醬也不錯。有些香草精精標示為天然香草萃取，不過香味還是不如香草莢。最好直接購買果莢，剖開來刮取細小的黑籽就可使用，空果莢放在糖

罐裡，可讓砂糖染上香味成為香草糖。

檸檬 −2
檸檬和柳橙皮末都是最好最便宜的天然香料；最好在擠汁前刮下皮末，比較好刮，而且不要刮要白色部分，會有苦味。

椰漿 −3
椰漿非常香，而且可以代替牛奶，但有些椰漿罐頭味道不太好，有的有鐵鏽味，用椰漿粉沖泡的味道好多了。

咖啡 −4
通常用自己喜歡的即溶咖啡沖泡即可，但做以某種咖啡為特色的蛋糕時就比較講究，最有名的例子是做提拉米蘇，最好用現煮的義式濃縮咖啡。

椰子粉 −5
由椰肉乾燥打成，呈細片狀，常沾在蛋糕表面，味道清香。

杏仁霜 −6
杏仁香味濃郁的白色粉末，可以直接加在鮮奶油裡打發，也可沖泡杏仁茶用來代替牛奶，做出有杏仁香味的蛋糕。可用天然杏仁露代替。

吉利T
吉利T是綜合植物膠粉的商品名稱，使用時先和砂糖乾拌勻，再加液體調勻煮沸，很快就會凝結，而且在室溫下不會融化。口感不如明膠有彈性，但是相當方便好用。

明膠
明膠是動物膠，又音譯為吉利丁，有片狀和粉狀兩種，使用前先用倍量冷水泡一下，再撈起加入80℃左右的熱水裡攪拌就會融化，不需煮沸，如果煮沸太久，會影響明膠的凝結性。因為明膠有些腥味，可以用葡萄酒代替冷水，可以去異味。

明膠還有一個缺點是凝結很慢，即使冷藏也要數小時才能凝結，冷藏一兩天後凝結效果才完全呈現。

本書用的片狀明膠1片為2.5克，但也有廠牌重量不同；可用等重的明膠粉代替，但不能用其它膠質代替，因為明膠的彈性最好，而且做慕思也必需使用明膠，其它膠質還未攪拌完成就凝結了。

酸性會減弱大部份膠質的凝結性，所以做檸檬、梅子之類果凍一定要增加膠的用量。

各種巧克力

- 塊狀苦甜巧克力 –1
- 粒狀牛奶巧克力 –2
- 粒狀苦甜巧克力 –3
- 粒狀焦糖巧克力 –4
- 可可粉 –5　　● 巧克力米 –6
- 巧克力晶片 –7　● 白巧克力 –8

巧克力的原料是可可樹的種仁，經烘焙研磨壓榨後分離成可可脂和可可粉。

只含可可脂和可可粉的叫做「純巧克力」。

可可脂＋可可粉＋糖＝
苦甜巧克力
可可脂＋可可粉＋糖＋奶粉＝
牛奶巧克力
可可脂＋糖＋奶粉＝白巧克力

巧克力含可可脂和可可粉的份量，就是俗稱的巧克力的百分比，例如含可可脂20%、可可粉40%的巧克力，就是所謂60%的巧克力。本書所用苦甜巧克力都在70%上下。不過同樣是60%的巧克力，如果可可脂佔35%，可可粉佔25%，就比前一種巧克力更高級，又因為可可脂加溫後流動性好，使這種巧克力能夠平滑地覆蓋蛋糕，所以又稱被覆巧克力。希望覆蓋在蛋糕表面的巧克力平滑有光澤，除了選用被覆巧克力以外，還可以進行「調溫」步驟，就是把巧克力融化後再經快速的冷卻和加溫，然後再使用。因為這不是本書的重點，所以沒有示範其過程，讀者如果有興趣，可以參考「法國藍帶巧克力」。

周老師特別提醒：

因為可可脂比較昂貴，所以廉價的人造巧克力都用其它油脂代替可可脂，市售巧克力蛋糕上非常光亮的巧克力表層更很少是真正的被覆巧克力，而幾乎完全是人工合成物質。

器具

電子秤
用來秤量材料，比彈簧秤準確而方便。有不同的載重量可選，請依自己做蛋糕的份量多寡來選擇。

周老師特別提醒：

因為一般的秤量秤很小的重量並不準確，所以本書用量匙來量取像鹽這種用量少的材料。

量杯

標準量杯的容量是240c.c.，但大一點的尖嘴透明量杯在倒水、倒麵糊時也非常實用。

量匙

標準量匙有4支，容量分別是15c.c.、5c.c.、2.5c.c.、1.25c.c.。寬而淺的量匙使用不方便，因為常會伸不進材料罐裡，表面又不容易刮平。

使用量杯與量匙，材料一定要裝到平杯口匙口，粉質的東西不可擠壓，先鬆鬆裝到凸起，再用平的東西刮過，把多餘的刮掉。

不鏽鋼盆

無論烹飪或烘焙都需要不鏽鋼盆；用鐵鋁盆會使麵團、蛋液或奶類變色，玻璃或陶瓷容器又太重而易碎。

做分蛋蛋糕至少需要兩個鋼盆，大小請考慮自己做蛋糕的分量。可以再多買1個小鋼盆，在隔水加溫或冷卻時非常方便。其實鋼盆也是深的比淺的好用，攪打效果好多了，可惜現在市售的鋼盆都是寬而淺。

打蛋器

這是手持的直形打蛋器，無論做中西餐點都用得上，最好準備大小2支。選購時握著手把揮動一下，鋼絲部份有彈性的比堅硬不動的好用。

橡皮刀

橡皮刀可以攪拌材料或從盆中把麵糊刮出來，比用手衛生多了。同樣是有彈性的比較好。圖中上方第一把橡皮刀是耐熱矽膠刮刀，可以用來攪拌不沾鍋裡煮著的材料，但比較厚實沒彈性，拌蛋糕糊時不怎麼好用。

篩子

普通篩子可以用來濾掉水份或磨泥，有時需要孔洞大一點的，有時需要小一點的，所以最好有兩把；小篩子則是用來篩糖粉在點心上。用普通篩子篩麵粉不太方便，速度慢又容易撒出來，請用右上這種專用的麵粉篩；但它只能篩麵粉、可可粉、發粉等，不要當成普通篩子拿來過濾水份或磨泥，或篩顆粒狀材料，很容易損壞。

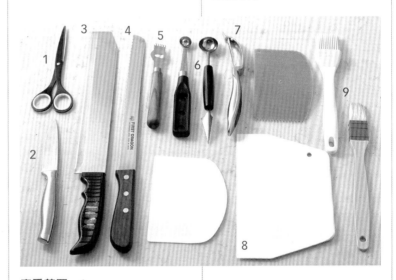

廚房剪刀 –1
剪塑膠袋和紙、剪食物，應該用不同把剪刀。

小刀 –2
蛋糕刀 –3、鋸齒刀 –4
剖蛋糕不一定要用哪一種刀，順手即可。

檸檬皮刮器 –5
若沒有，可用磨薑泥或蒜泥的工具代替。

挖球器 –6

刨刀 –7
刨刀有很多種，但這種形式的可以用來刨巧克力捲。

各種刮板 –8
一邊圓弧形的刮板可以用來代替橡皮刀從盆中把麵糊刮出來，平面可以用來分割材料、清理桌面；刮板也是做蛋糕霜飾的好工具，比用抹刀更好控制。

刷子 –9
矽膠刷子比較衛生，但一般刷子比較好用。

擠花袋

擠花袋需要大小兩種尺寸，而且因為擠花嘴有大有小，擠花袋前端剪的洞必需配合擠花嘴，得多準備幾個。拋棄式的比較方便，但非拋棄式的手感比較好，只是用後一定要徹底清潔和乾燥。

擠花嘴

擠花嘴有上百種花樣，如果想深入學習，可以買整盒的，加上可以隨時更換擠花嘴的接頭。若只想做簡單的蛋糕裝飾，只要菊花嘴和大小平口（圓嘴）就夠了，或再加上條紋嘴和灌餡用的長嘴。

烤盤和烤架

平烤盤

烤盤是烤箱的附件，可盛放模型烘烤，也可以直接用來烤平盤蛋糕。本書所用的烤盤，從上面測量，長約41公分，寬約35公分。讀者的烤盤若與之不同，只要換算面積即可，例如本食譜的烤盤表面積為1435平方公分，而讀者的烤盤表面積是1150平方公分，則只需要食譜上的0.8倍材料，這樣烤出的厚薄才會相同；如果厚薄不同，則烤焙溫度時間和接下來的完成工作都會不同。

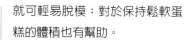

烤盤布和烤盤紙

烘焙材料行都有防黏的烤盤布，耐用又好清理；如果需要裁剪時就用烤盤紙，便宜許多。

蛋糕轉盤

用來做蛋糕表面霜飾。現在有非常輕便、物美價廉的蛋糕轉盤可買。

各種活動模型

所有模型的尺寸、材質和厚薄都不相同，如果讀者使用的模型和食譜上不同，烘焙的溫度和時間有時需要稍加調整。

活動模型是指模型的底部可以與整個模型分離。這種模型非常方便，不必塗油撒粉或墊紙，蛋糕就可輕易脫模；對於保持鬆軟蛋糕的體積也有幫助。

但是活動模型只能用來烤清蛋糕，不能用來烤油蛋糕即麵糊類蛋糕。麵糊類蛋糕含大量奶油，麵糊烤焙時會液化而從活動模型底部接縫漏出來。

本書裡介紹的全部蛋糕都可以用活動模型烤焙，除了需要隔水蒸烤的蛋糕以外，因為水份也會從接縫滲入蛋糕。

（註：有些活動模型是由扣環扣緊，不會滲水，就可以用來烤麵糊類蛋糕或隔水蒸烤的蛋糕）

蛋糕模型花樣繁多，又佔空間，所以若沒有食譜上的模型，用類似的模型代替即可，不見得一定要照樣購買。

多大的模型盛裝多少麵糊是有一定的，裝太多裝太少，都會影響烤焙結果，所以若改用不同模型，一定要先測量其容量才能決定如何調整材料份量，例如食譜上使用容量1000c.c.的模型，而讀者的模型容量只有500c.c.，則材料就只要食譜上的一半即可。

各種非活動模型

電動攪拌器

適合家庭使用的電動攪拌器，有地上型、桌上型和手提式三種，地上型的容量約8～10公升，桌上型約4.6～7公升，這兩種俗稱攪拌缸。

烘焙者沒有電動攪拌器真的很費力，但要買哪一種，應該配合烤箱的大小，和自己常做的烘焙點心來選擇。

家用烤箱以嵌入式和桌上型居多，嵌入式最常見的是寬60公分和寬90公分兩種；桌上型的比較小。

現有烤箱 \ 常做烘焙物	蛋糕、西點	麵包
90公分嵌入式烤箱	地上型攪拌缸	地上型攪拌缸
60公分嵌入式烤箱	桌上型攪拌缸	地上型或桌上型攪拌缸
桌上型烤箱	手提式攪拌器	桌上型攪拌缸

註：

如果用大烤箱卻只做小蛋糕，當然只要手提式攪拌器就夠了，但這樣很浪費設備和電力。

攪拌缸都附有三隻攪拌腳，本書幾乎只用鋼絲腳，專門打蛋和鮮奶油。

手提電動攪拌器常常只有一對攪拌腳（下圖下方），適合打奶油糊，這對歐美人士比較實用，因為他們常做麵糊類蛋糕和西點。

我們常做「輕蛋糕」，最好買附有單隻鋼絲腳的攪拌器（下圖上方），鋼絲腳打蛋和鮮奶油的效率好多了。

如何選擇烤箱

大多數的蛋糕都用烤箱烘烤，大多數的烤箱也都可以烤蛋糕，不過「上下都有熱源」和「能夠自動控制溫度」是必要的條件，因為蛋糕需要從上方和下方以正確的溫度加熱，才能烤得恰到好處。

不過烤箱越完美，使用越輕鬆，即使是新手也能烤出好蛋糕，所以只要預算和空間足夠，當然要選擇擁有以下條件的完美烤箱：

1. 溫度準確

使用者設定多少度，完美的烤箱就會維持在多少度，溫度一到立刻停止加熱，溫度一下降馬上自動啟動（可以從加熱指示燈看出烤箱是否在調節溫度）。

2. 火候平均

同批進爐的小蛋糕或薄片蛋糕，每一個、每一處都能烤出相同的顏色和熟度。

3. 加熱和散熱速度快

預熱時很快就可以達到指定的溫度，即使放入大量生蛋糕而使箱內溫度下降，也會在短時間內回升到指定溫度。當把指定溫度調降時，箱內溫度很快就能下降，這對於烤某些特殊點心很有幫助。

4. 適當的密閉性

烹飪用的烤箱應該相當密閉，可以保持菜餚的水份，也免得油煙不斷外溢；這種烤箱使用時不會冒蒸汽更不會滴水，很容易分辨。烘焙用的烤箱則不能太過密閉，因為很多點心需要烤到水份散失才會酥脆。太過密閉的烤箱也會造成箱內蒸氣壓力太大，使蛋糕過度膨脹而破裂，並在出爐後塌陷。

5. 好用的烤盤烤架

所附的烤盤不易沾黏、深度恰當，至少要有兩個，一深一淺，還要有一個烤架。烤盤烤架要很容易放入烤箱和取出。

6. 容易清潔

烹飪或烘烤油酥點心時會產生很多油煙，所以盡量選擇容易清潔的烤箱(例如先進的自清功能)，烤蛋糕不太會產生油煙，可以不必優先考慮這一點。

到底哪個品牌符合要求，只有真正的使用者清楚，所以多方詢問是購買前必做的功課，不過所有的烤箱都不可能樣樣完美，多少都需要調整。

如何使用烤箱

家用烤箱不是很精密的儀器，每一台的性能都有差別，所以完全依照食譜的指示也不能保證烤得好。以下是使用烤箱的原則，請花點時間了解，而且每次烤焙後都要記得詳細記錄製做過程及結果。

一、烤箱要預熱

不只烤，大多數烹具都要預熱，例如炒菜前炒菜鍋要先燒熱，蒸糕前蒸鍋水要先煮滾，不然從開始加熱到夠熱之間的時間太長，炒菜就發黃出水、煎魚則魚皮黏鍋、烤蛋糕消泡塌陷、烤麵包內乾外不脆。

烤箱預熱所需時間不等，從10分鐘到30分鐘都有可能，越大的烤箱需時越久，只要加熱指示燈熄掉就是預熱完成。因為蛋糕打好應該立刻進爐，所以一定要記得一開始做就先預熱烤箱。

二、設定溫度和時間的原則

烤蛋糕的常用溫度大約是165℃～190℃，低於165℃可算低溫，高於190℃可算高溫。烘焙的目的不只是把食物烤熟，而且還要「正確地」把食物烤熟，就是要選擇正確的溫度和時間，一個蛋糕用高溫快速烤熟，或用低溫慢速烤熟，風味和質地將大為不同。

決定烤焙的溫度和時間，要考慮：

1. 蛋糕的大小及厚薄

蛋糕越大、越厚，由外至內都烤熟就要越久，所以溫度要低一點，以免把外面烤焦。例如同一種蛋糕，做成厚厚的大圓蛋糕可能要用165℃，烤40、50分鐘；做成小杯子蛋糕或薄片蛋糕，可能要提高到185℃左右，只烤大約10幾分鐘。

2. 蛋糕的成份

成份高，就是蛋、糖、油、奶等的比例較高。「成份」容易使食物上色和烤焦，所以成份高者應該用比較低的溫度烤焙。例如海棉蛋糕和乳酪蛋糕，後者成份比前者高多了，所以烤溫也低多了，通常也就要烤更長的時間。

三、調整上下火比例

烤蛋糕需要分別來自上方和下方的火力。原則上，蛋糕厚則偏下火(下火比上火強)，蛋糕薄則偏上火(上火比下火強)。

對於上下火可以分別設定的烤箱，偏下火就是把上火調低、下火調高。對於上下火不能分別設定的烤箱，偏下火就是把烤盤往下層放。

上下火的比例錯誤，或烤盤擺放的位子不對，就會烤出上下熟度不一致的蛋糕。

如果食譜上有標示上下火，而自己的烤箱只有一個溫度設定鈕，把它設定成上下火的平均溫度，並調整烤盤位子。例如食譜上寫「上火160℃，下火200℃」，就把自己的烤箱設定在180℃，烤盤放在偏下層。

如果食譜上只有一個溫度，例如175℃，自己的烤箱卻有兩個溫度設定鈕，就看食譜規定烤盤要放哪裡。若放最上層，可能上火可以設200℃而下火設150℃；若放中層，則上下都設175℃即可。

但這也有例外---如果某食譜的上下火力差太多，其烤溫就不是兩者的平均，例如上火210℃下火50℃，烤溫可能不是130℃而是更高，因為上火的

熱度會往下分散，使感應裝置感應到溫度下降而命令上火持續加熱。所以一切都要看實際烤焙結果是否良好，如果這次試驗的結果上下熟度不平均，就要記錄下來，下次再做調整。

特別注意：
本書所使用的烤箱只有一個溫度設定鈕，所以用「上層」、「次上層」、「中層」、「次下層」、「下層」來代表上下火的比例。

四、注意烤盤的導熱性和蛋糕的擺放位置

使用導熱性好的烤盤烤薄片蛋糕，底部容易烤焦，所以下火要調低一點，或把烤盤再往上放一格；使用導熱性不好的烤盤，下火就要調高一點（鋁箔容器等於導熱性非常不好的烤盤）。

現在的烤盤似乎越來越不導熱，可能是製造商擔心使用者會把食物的底部烤焦；我們平常只使用自己的烤盤，習慣成自然，很少考慮到導熱問題，但一旦換用不同的烤盤就要特別提高警覺，否則明明是做熟的食譜也會弄得狼狽不堪，烤到上生下熟或上焦下生。

烤盤裡如果同時放入多個蛋糕，每個要大小一致，也要排列整齊平均，不可以太過靠近或偏放一邊。

特別注意：
有些烤箱有旋風功能，但似乎對烤蛋糕沒有很大的幫助；有些烤箱可以一次烤多層食物，但最好只用來烹飪菜餚，烘焙蛋糕時最好還是一次只烤一層。

烤箱溫度Q&A

Q：火候不平均如何處理？

A 若是烤箱火候不平均，可以在烤焙到2/3時間時把烤盤換個方向，不過動作一定要輕，若是震動到還沒烤熟的蛋糕，可能會造成失敗。

有些烤箱即使把烤盤換方向也沒用，例如中間火力弱四周火力強，嚴重的話也是應該考慮換掉。萬一不能換掉，就只能把小蛋糕放在四周烤，或烤到一半把四周的小蛋糕取出，留下中間的繼續烤。這樣的成果當然不會太完美，而且若是平盤蛋糕就不能這麼處理。

Q：溫度不準該怎麼辦？

A 烤箱溫度不準的情況有兩種，包括實際溫度比設定的高或低，或是溫度會上上下下變動，有時連續烤幾盤蛋糕，每一盤火候都不同。第一種情況還好，只要調整定溫就可以解決，例如溫度低的烤箱可能每次都要比食譜所指示的溫度調高十度二十度。

第二種情況非常麻煩，這種烤箱，若是可能，還是換掉不要用了，不然只能買個爐內溫度計貼在門裡，看著它來調整火力，每次烤焙都得全程看守，不能放心做別的事。（這種烤箱常附有爐內溫度計，但幾乎都不準）

Q：烤箱加熱或散熱慢

A 加熱慢的烤箱，預熱時得考慮放入的蛋糕份量，例如食譜指定要180℃，用這個溫度烤一個蛋糕時沒問題，同時烤兩個就烤不熟，得延長時間；因為放入兩個蛋糕使烤箱溫度下降很多，又升溫得很慢，所以有很長的時間裡烤焙溫度一直不足。若了解自己的烤箱有這個問題，這倒是不難解決，只要記得提高預熱溫度，放入兩個蛋糕後再調回180℃就可以了。

散熱慢的烤箱可以打開烤箱門，或放一盤冷水進去幫助散熱。

Q：密閉性太好怎麼變通？

A 密閉性太好的烤箱，若是沒有可供排氣的氣門，也沒有阻擋板（架在烤箱門上使門無法密閉的零件），就很容易把蛋糕烤到破裂，略減配方裡的水量可能有點幫助，也無法完全解決。酥皮點心烤不酥脆的問題更難解決，也只能烤一烤、開開門放放水氣，試著讓效果好一點。

除了選購外，裝設烤箱也同樣重要，如果室內電路老舊、電壓不穩，烤箱的溫度也會不穩；很多烤箱需要220伏特電壓，應由合格的水電工裝設。

EASY COOK

「健康手作輕蛋糕Q&A」周老師的美食教室：

100%天然無化學添加物、800張步驟圖、新手也能輕鬆製作

作者　周淑玲

出版者 / 大境文化事業有限公司　T.K. Publishing Co.

發行人　趙天德

總編輯　車東蔚

文案編輯　編輯部　美術編輯　R.C. Work Shop

攝影　Toku Chao

台北市雨聲街77號1樓

TEL：(02)2838-7996　　FAX：(02)2836-0028

法律顧問　劉陽明律師　名陽法律事務所

初版日期　2010年12月　新版 2015年5月

定價　新台幣420元

ISBN-13：978-986-9094-76-4　書　號　E79

讀者專線　(02)2836-0069

www.ecook.com.tw

E-mail　service@ecook.com.tw

劃撥帳號　19260956 大境文化事業有限公司

2010版封面

「健康手作輕蛋糕Q&A」周老師的美食教室：

100%天然無化學添加物、800張步驟圖、新手也能輕鬆製作

周淑玲　著 初版. 臺北市：大境文化，2015[民104]

160面；19×26公分. ----(EASY COOK系列；79)

ISBN-13：9789869094764

1.點心食譜　　427.16